抽水蓄能电站生产准备员工系列培训教材

电气一次设备运检

国网新源集团有限公司　组编

中国电力出版社
CHINA ELECTRIC POWER PRESS

内 容 提 要

为促进抽水蓄能领域人才培养，满足当前抽水蓄能事业快速发展的需要，国网新源集团有限公司组织编写了《抽水蓄能电站生产准备员工系列培训教材》丛书，共 7 个分册，填补了同类培训教材的市场空白。

本书是《电气一次设备运检》分册，共 7 章，主要内容包括：电气一次设备概述、主变压器运检、GIS 设备运检、高压电缆运检、出线场设备运检、母线及启动设备运检和厂用电系统设备运检。

本书适合抽水蓄能电站生产准备员工阅读，同时也可供相关科研技术人员和大专院校师生参考使用。

图书在版编目（CIP）数据

抽水蓄能电站生产准备员工系列培训教材. 电气一次设备运检 / 国网新源集团有限公司组编. -- 北京：中国电力出版社，2025. 6. -- ISBN 978-7-5198-9766-6

Ⅰ. TV743

中国国家版本馆 CIP 数据核字第 202523VF02 号

出版发行：中国电力出版社
地　　址：北京市东城区北京站西街 19 号（邮政编码 100005）
网　　址：http://www.cepp.sgcc.com.cn
责任编辑：孙建英（010-63412369）　杨芸衫
责任校对：黄　蓓　王小鹏
装帧设计：张俊霞
责任印制：吴　迪

印　　刷：三河市航远印刷有限公司
版　　次：2025 年 6 月第一版
印　　次：2025 年 6 月北京第一次印刷
开　　本：787 毫米 × 1092 毫米　16 开本
印　　张：10.5
字　　数：258 千字
定　　价：60.00 元

抽水蓄能电站生产准备员工系列培训教材
电气一次设备运检

编 写 人 员
（按姓氏笔画排序）

丁　光	于刚领	于　辉	马雪静	王永卫	王志祥
王奎钢	王博涵	尹广斌	付朝霞	冯海超	朱兴兵
朱海龙	朱　溪	刘争臻	闫克强	李　利	李孟达
李逸凡	杨　立	肖海波	吴正阳	何张进	宋旭峰
宋湘辉	张永会	张　亮	陈子龙	林国庆	郝国文
胡泽京	侯　彬	耿沛尧	夏斌强	徐伟涛	徐鑫华
高　超	郭炜焱	梁启凡	詹云龙	戴　森	魏麟懿

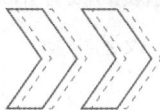

电气一次设备运检

序　言

　　察势者智，驭势者赢。推进中国式现代化是新时代最大政治，高质量发展是全面建设社会主义现代化国家首要任务。能源电力是以高质量发展全面推进中国式现代化战略工程、先导任务、坚实支撑。大力发展抽水蓄能，是推动能源电力行业转型发展，实现"双碳"目标，全面支撑中国式现代化重要着力点。党的二十届三中全会，对健全绿色低碳发展机制、加快规划建设新型能源体系作出重要部署。《中共中央　国务院关于加快经济社会发展全面绿色转型的意见》明确提出，科学布局抽水蓄能、新型储能、光热发电，提升电力系统安全运行、综合调节能力。国家电网有限公司站在当好新型电力系统建设主力军战略高度，出台加快推进抽水蓄能（水电）高质量发展重点措施，推动能源电力绿色低碳转型，更好支撑、服务中国式现代化。

　　作为抽水蓄能行业主力军、专业排头兵，国网新源集团有限公司以服务电网安全稳定高效运行为基本使命，坚持以国家电网有限公司战略为统领，大力推进集团化、集约化、专业化、平台化建设，增强核心功能，提高核心竞争力，努力建设成为国内领先、世界一流的绿色调节电源服务运营商，注重发展和安全、改革和稳定"两个统筹"，强化市场意识、经营意识、竞争意识、效率意识，引导规划政策、价格政策、开发管理政策，健全生产运维体系、建设管理体系、技术管理体系、经营管理体系，不断强化基层、基础、基本功，全面加强技术监督体系、同业对标体系建设，在推进抽水蓄能高质量发展中走在前作表率，为国家电网高质量发展作出积极贡献。

　　千秋基业，人才为本。生产技能人员是抽水蓄能人才队伍基础力量。近年来，国网新源集团有限公司坚持人才引领发展战略地位，大力实施电力工匠塑造工程，构建以"为人才成长助力、为业务发展赋能"为使命的"四全"人才培养体系，健全培训全要素，完善培训全流程，覆盖职业全周期，支撑集团全专业，不断提升生产技能人员培养系统性、实效性，为抽水蓄能发展提供了有力技能支撑、人才保障。

　　围绕决胜"十四五"，布局"十五五"，国网新源集团有限公司纵深推进新时代人才强企战略，拓宽人才发展通道，构建"领导职务、职员职级、科研、技能"四通道并行互通的人才发展体系，构建思想引领有力、服务发展有为、赋能增智有方、支撑保障有效的教育培训新格局，加大生产技能人员培养使用力度，更好发挥生产技能人员专业支撑、技艺革新、经验传承作用。

作为生产技能人员队伍重要组成部分，抽水蓄能电站生产准备员工核心专业知识、核心专业技能水平，事关抽水蓄能电站高质量发展，事关《抽水蓄能中长期发展规划（2021~2035 年）》落地见效。为加快建设知识型、技能型、创新型抽水蓄能电站生产准备员工，更好传承核心专业知识、核心专业技能，国网新源集团有限公司组织华东天荒坪抽水蓄能有限责任公司、浙江仙居抽水蓄能有限公司、华东宜兴抽水蓄能有限公司等 15 家单位，150 余名具有丰富教育培训、生产技能经验专家，历时 3 年，编写《抽水蓄能电站生产准备员工系列培训教材》。

本套教材共 7 个分册，全景式介绍抽水蓄能电站生产准备基本知识、基本技能，以及电站运维管理、电气一次设备运检、机械设备运检、电气二次设备运检、水工建筑物及辅机设备运检知识和技能。本套教材遵循科学性、实用性、通用性、特色性原则，创新基础理论、实操技能、典型案例的三元融合模式，努力打造抽水蓄能电站生产准备员工"工具书"，填补同类培训教材市场"空白"。

本套教材主要使用对象是抽水蓄能电站生产准备员工，以及抽水蓄能行业科研技术人员、大专院校师生。通过研读本套教材，有助于快速提升抽水蓄能电站生产准备员工核心专业知识、核心专业技能，加快补齐知识短板、夯实技能底板、锻造特色长板，为抽水蓄能行业高质量发展贡献国网新源力量，为全面推进中国式现代化作出新的更大贡献。

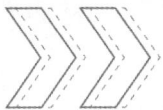

电气一次设备运检

前 言

在全球能源格局加速调整、绿色低碳发展成为时代主题的当下，抽水蓄能作为构建新型电力系统的关键支撑，其重要性愈发凸显。国家能源局发布的《抽水蓄能中长期发展规划（2021～2035 年）》中明确指出，要加快抽水蓄能电站核准建设，到 2030 年，抽水蓄能投产总规模较"十四五"再翻一番，达到 1.2 亿 kW 左右。加快推进抽水蓄能事业发展，离不开一支高素质的生产准备员工队伍。

为加快抽水蓄能生产准备员工队伍建设，提高生产准备员工培训的系统性、针对性和时效性，促进抽水蓄能电站高质量发展，国网新源集团有限公司组织集团范围内具有丰富培训教学和管理经验的专家编写了本套教材。

本套教材共 7 个分册，全面阐述了生产准备员工应具备的基本知识、基本技能、各设备运维技能和管理技能。内容遵循科学性、实用性、通用性、特色性的原则，解读相关工作原理与工作要求，介绍相关典型案例，集理论与实践一体，体现了教育培训"工具书"的特点，做到了培训知识和培训实践有机结合。

本套教材编写工作于 2022 年 10 月启动，经过多次编审，不断完善改进，形成终稿。参与编写工作的人员来自国网新源集团有限公司、国网新源集团有限公司丰满培训中心、山东泰山抽水蓄能有限公司、华东桐柏抽水蓄能发电有限责任公司、华东天荒坪抽水蓄能有限责任公司、浙江仙居抽水蓄能有限公司、华东宜兴抽水蓄能有限公司、华东琅琊山抽水蓄能有限责任公司、安徽响水涧抽水蓄能有限公司、福建仙游抽水蓄能有限公司、河南宝泉抽水蓄能有限公司、湖南黑麋峰抽水蓄能有限公司、辽宁蒲石河抽水蓄能有限公司等 15 家单位，共 150 余人。

鉴于经验水平和编制时间有限，本套教材难免存在疏漏之处，恳请各位专家和读者提出宝贵意见，使之不断完善。

《抽水蓄能电站生产准备员工系列培训教材》编委会

2025 年 1 月

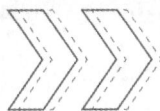

电气一次设备运检

目　录

第一章 电气一次设备概述

本章概述

电气一次设备是抽水蓄能电站的重要组成部分，一般指发电机出口至出线场全部高压设备，包括主变压器、气体绝缘开关设备（gas-insulated switchgear，GIS）、高压电缆、出线场设备、母线及启动设备以及厂用电设备。本章介绍了各电气一次设备的定义、组成、型式、功能。

学习目标

学习目标	
知识目标	1. 能正确识别主接线形式。 2. 在给定条件下，能画出单母线、单母线分段、双母线、3/2 接线图。 3. 能记住电气一次设备（主变压器、GIS 设备、高压电缆、出线场设备、母线及启动设备以及厂用电设备）相关术语及其定义。
技能目标	1. 能简述主变压器、GIS 设备、高压电缆、出线场设备、母线及启动设备以及厂用电设备各设备系统设备组成、型式、参数及功能。 2. 能简述主变压器消防配置。 3. 能简述抽水蓄能电站常见主变压器、GIS 设备、高压电缆、出线场设备、母线及启动设备以及厂用电设备型式。

第一节 主接线图及接线方式

一、电气主接线的接线方式

抽水蓄能电站在电网中承担调峰、填谷、调频、调相等作用，工况转换频繁，操作次数多。因此，要求电气主接线能适应抽水蓄能电站的运行特点，一般遵循"安全可靠、接线简单、运行灵活和经济合理"的原则。

对一个电厂而言，电气主接线在电厂设计时就根据机组容量、电厂规模及电厂在电力系统中的地位等，从供电的可靠性、运行的灵活性和方便性、经济性、发展和扩建的可能性等方面，经综合比较后确定。它的接线方式能反映正常和事故情况下的供送电情况。

1

（一）发变组接电方式

1. 单元接线

单元接线最简明清晰，布置最简单方便，调度方便。发电电动机—变压器组合单元中任何元件故障或检修，仅引起该单元停运，故障或检修影响范围小。但该接线方式需四回高压出线，致使 500kV 开关站的进线间隔增加，设备和土建投资相应增大，同时运行可靠性及灵活性较低。单元接线示意图如图 1-1-1 所示。

2. 扩大单元接线

扩大单元接线的主变台数可减少两台，进线回路数为两回，简化 500kV 侧的接线。但发电电动机—主变压器扩大单元中的设备故障将造成相关的另一台机组停运，一台主变压器检修或故障将造成全厂 1/2 容量停运，扩大单元接线的整体可靠性和灵活性较差。扩大单元接线示意图如图 1-1-2 所示。

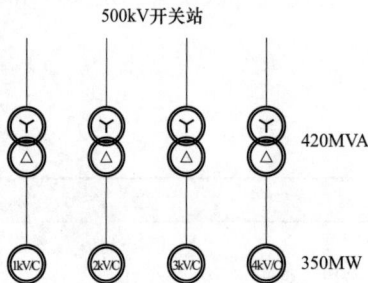

图 1-1-1　单元接线示意图　　　图 1-1-2　扩大单元接线示意图

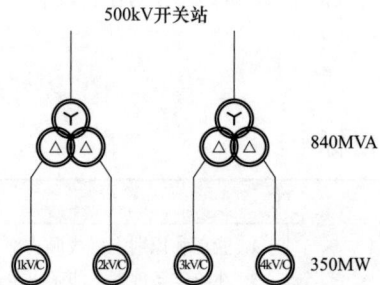

3. 联合单元接线

发变单元采用一机一变，两台机组组成一个单元。联合单元接线的 500kV 进线回路数可减少到两回，可靠性相对较高，停运频次低，运行灵活性好，可简化开关站的接线和布置，节省开关站的土建和电气设备投资。但主变压器高压侧有并联母线和隔离开关，地下 GIS 场地布置较复杂，一台主变故障或检修将造成二台机组短时停运。联合单元接线示意图如图 1-3 所示。

（二）开关组接线方式

1. 内桥接线

内桥接线简单、清晰、运行较为灵活，断路器数量为 3 组，继电保护及二次接线配置较简单。该接线当一回线路发生故障时，不会影响电站机组的正常运行，另一回线路可以送出全厂 4 台机的全部容量。

当进线故障时将使全厂的一半容量停运，进线故障需同时动作 2 组断路器，断路器切故障电流的概率相应增加，检修周期缩短；桥断路器故障将造成全厂短时停运，桥断路器检修或故障使电站解列成发电电动机—主变压器—线路组接线运行。内桥接线示意图如图 1-1-4 所示。

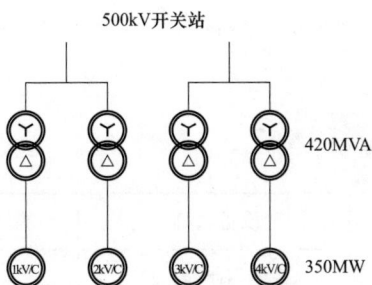

图 1-1-3 联合单元接线示意图

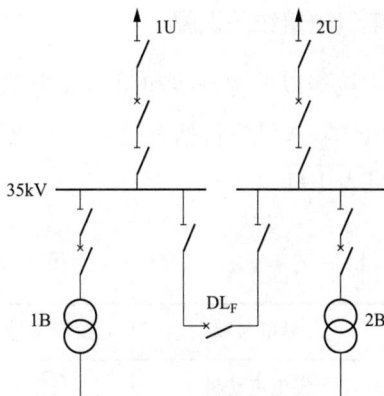

图 1-1-4 内桥接线示意图

2. 单母线分段接线

单母线分段接线简单、清晰，断路器数量为 5 组，继电保护配置及二次接线简单；每一进出线回路各连接一组断路器，线路或主变故障不影响其他回路的正常运行，断路器无并联开断要求，检修周期也较长。

当任一组进出线断路器故障时，最多使全厂一半容量停运；母线及所连接的隔离开关故障或检修可以保留全厂一半的送出容量，可靠性和灵活性较高，基本可以满足电站各种工况的要求。但分段断路器故障，将造成全厂短时停电，拉开隔离开关后，两段母线解列成两组主变压器—线路组接线运行，分段断路器检修时也可解列运行；单母线分段接线布置较复杂，投资较大。单母线分段接线示意图如图 1-1-5 所示。

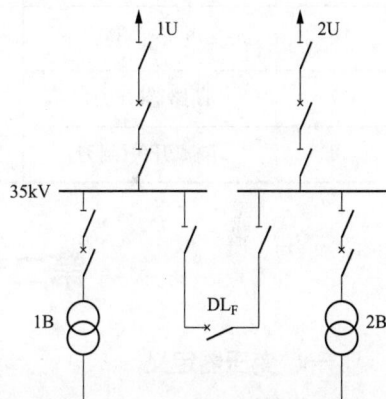

图 1-1-5 单母线分段接线示意图

3. 四角形接线

四角形接线的断路器数量为 4 组，继电保护及二次接线配置较复杂。

该接线在任何一台断路器故障或检修时不影响电站的连续运行，任一出线故障不影响电站机组的正常运行，另一回出线可以送出全厂 4 台机的全部容量，当进线故障时将使全厂的一半容量停运。任一断路器检修时，任一进出线发生故障，切断的容量最多是全厂的一半。

故该接线的可靠性高，但灵活性要差一些，并且进出线故障需同时动作 2 组断路器，断路器切故障电流的概率相对地增加，检修周期缩短。四角形接线示意图如图 1-1-6 所示。

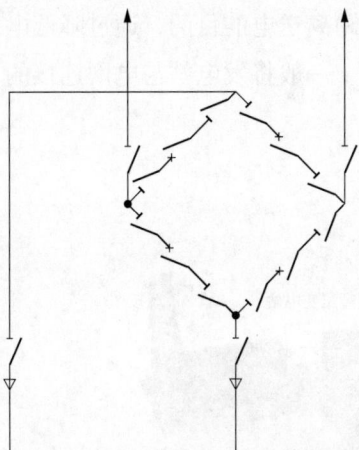

图 1-1-6 四角形接线示意图

3

二、电气主接线图识图

电气主接线以电源进线和引出线为基本环节，以母线为中间环节构成的电能输配电路。电路中的电气一次设备包括发电机、变压器、母线、断路器、隔离开关、线路等。电气主接线图图例见表 1-1-1。

表 1-1-1 电气主接线图图例

序号	设备名称	图形符号	序号	设备名称	图形符号
1	发电电动机	(G/M)	9	接地刀闸(地刀)	
2	双绕组变压器		10	手车式开关	
3	电抗器		11	手车式闸刀	
4	避雷器		12	母线	
5	电流互感器		13	熔断器(熔丝)	
6	电压互感器		14	整流模块	
7	断路器(开关)		15	电缆终端头	
8	隔离开关(闸刀)		16	接地点	

第二节 主变压器简介

一、变压器定义

变压器是传输电能而不改变其频率的静止的电能转换器。变压器在电力系统中主要作用是变换电压，以利于功率的传输。通过升高电压，减小相应输送电流，一方面可以减少线路损耗，另一方面减少电压降落，提高送电的经济性，达到远距离送电的目的，通过降低电压，把高电压变为用户所需要的各级使用电压，满足用户需要。一般将发电站与电网连接的变压器称为主变压器，主变压器原理图如图 1-2-1 所示。

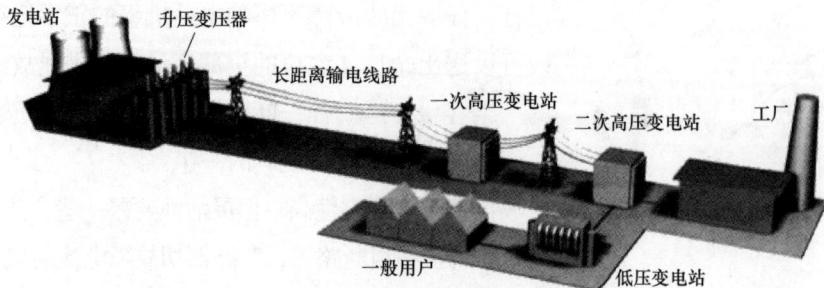

图 1-2-1 主变压器原理图

二、变压器基本工作原理

变压器是一种静止的电气设备，是利用电磁感应的原理来把一种电压的交流电能变换成频率相同的另一种电压的交流电能。

变压器是通过电磁感应实现两个电路之间能量的，因此它必须具有电路和磁路两个基本部分。作为电路的是两个或几个匝数不同且彼此绝缘的绕组，作为磁路的是一个闭合铁芯。

当原边接到交流电源时，原边有交流电流并在铁芯中产生交变磁通，根据电磁感应定律，原、副边绕组分别感应电势 e_1、e_2，副边有了电势可向负载供电，实现能量传递，调节变比即可达到变压的目的。

三、变压器分类

（一）按用途分类

电力变压器按用途分为升压变压器、降压变压器、配电变压器、联络变压器、厂用变压器。抽水蓄能电站主变压器在发电工况下为升压变压器，在抽水工况下为降压变压器。

（二）按结构形式分类

电力变压器按结构形式分为芯式变压器和壳式变压器，发电厂主变压器均为芯式变压器。

（三）按相数分类

电力变压器按相数分为单相和三相两大类。发电厂主变压器通常采用三相电力变压器。

（四）按调压方式分类

电力变压器按调压方式分为有载调压和无载调压两大类，发电厂主变压器大多数采用无载调压变压器。

（五）按绕组结构分类

电力变压器按绕组结构分为单绕组自耦变压器、双绕组变压器、三绕组变压器。发电厂主变压器大多数采用双绕组变压器。

（六）按绕组绝缘及冷却方式分类

电力变压器按绕组绝缘及冷却方式分为油浸式、干式和充气式（SF_6）等。其中油浸式变压器，又有油浸自冷式、油浸风冷式、油浸水冷式和强迫油循环冷却式等。

四、变压器结构介绍

变压器的最基本结构由铁芯、绕组及绝缘部分组成。但为了使变压器安全可靠地运行，还需要有油箱、调压装置、冷却装置、保护装置等，其中最基本的部分（铁芯、绕组、绝缘部分、引线及调压装置等）称为器身。

变压器的铁芯既是磁路，又是套装绕组的骨架。铁芯由芯柱和铁轭两部分组成。芯柱用来套装绕组，铁轭将芯柱连接起来，使之形成闭合磁路。

绕组是变压器的电路部分，套装在铁芯的芯柱上。

其他部件：油浸式变压器还有油箱、变压器油、散热器、绝缘套管、分接及继电保护装置等部件。

（一）绕组（高／低）

绕组是变压器最基本的组成部分，变压器绕组由高压绕组，低压绕组，引出线、绝缘件等构成，它与铁芯合称电力变压器本体，一次线圈将系统的电能引进变压器中，而二次线圈将电能传输出去，是传输和转换电能的主要部件。

绕组的连接组别表示变压器各相绕组的连接方式和一、二次线电压之间的相位关系。符号顺序由左至右各代表一、二次绕组的连接方式，数字表示两个绕组的连接组号。一般的高压变压器基本都是 Yn，d11 接线。在变压器的连接组别中"Yn"表示一次侧为星形带中性线的接线，Y 表示星形，n 表示带中性线；"d"表示二次侧为三角形接线。"11"表示变压器二次侧的线电压 U_{ab} 滞后一次侧线电压 UAB330°（或超前 30°）。

抽水蓄能电站大部分主变压器连接组别为：YN，d11。

（二）铁芯

铁芯结构的基本形式有芯式和壳式两种。芯式和壳式的主要区别在于铁芯与线圈的相对位置，线圈被铁芯包围时称为壳式，铁芯被线圈包围时称为芯式。

我国多采用芯式铁芯。铁芯套有绕组的部分称为铁芯柱，其他构成磁通闭合路径的部分称为铁轭。

主变压器铁芯一点接地的作用如下：

铁芯及其金属结构件由于所处的电场位置不同，产生的电位也不同。当两点电位差达到能够击穿两者之间的绝缘时，便相互之间产生放电。这种放电是断续的，放电后两点电位相同，即停止放电；再产生电位差，再放电。断续放电的结果使变压器油分解，并容易将固体绝缘损坏，导致事故发生。为了避免上述情况的出现，铁芯及其金属结构件必须接地，使它们同处于地电位。

变压器工作时，铁芯中流通交变磁通，当有多余接地点时，多个接地点会在铁芯中形成短接回路，短接回路中产生感应环流。接地点越多，环流回路越多，环流越大（当然与多余接地点的位置有关）。这样，铁芯会产生局部过热，甚至可能烧坏接地片，造成铁芯电位悬浮而产生放电，对大型变压器安全运行不利，因此铁芯必须一点接地。

（三）储油柜

储油柜是用于主变压器的一种储油装置，设置在变压器油箱的顶部，通过管路与变压器本体相连，通过自重调节主变本体内的绝缘油油位。

油枕作用是：

（1）使变压器油箱在任何气温及运行状况下均充满油，使变压器器身和套管能可靠地浸入油中。

（2）当变压器油温度变化时，变压器油的体积也发生变化，减少或防止水分和空气进入变压器，延缓变压器油和绝缘的老化。

（3）储油柜的容积根据变压器总油重的 10% 来确定，并设置有油位计用于储油柜的油位指示及高低油位报警，常用的储油柜分为胶囊式储油柜和波纹式储油柜。

（四）套管

装在变压器的油箱盖上作用将变压器内部高、低压引线引至油箱外部，不但作为引线对地绝缘，而且担负着固定引线的作用，套管中心穿有导电杆，下端伸进油箱，与绕组引线相连，上端露出油箱外，以便与外电路连接。根据使用条件，套管需要满足使用的绝缘（内绝缘和外绝缘）、载流（额定和过载）、机械强度（稳定和地震）等各方面的要求。

根据电压等级不同，主变压器用绝缘套管有油–空气和油–SF_6两种形式。

（五）分接开关

使用目的：为了使电网供给稳定的电压、控制电力潮流和调节负载电流，需要对变压器进行电压调整。进行电压调整所采用的组件称为调压开关。

工作原理：变压器调整电压的方法是在其某一侧线圈上设置分接，改变匝数，从而达到改变电压的有级调整电压的方法。

布置位置：主变压器分接开关安装在主变压器高压侧，通过改变高压侧线圈匝数，从而达到改变电压的有级调整电压的目的。

设备分类：有载调压分接开关和无励磁调压分接开关。

（1）有载调压分接开关：可在带负荷的情况下切换分接头，其本身带有一定的灭弧能力，其调节比较灵活。

（2）无励磁调压分接开关：无载开关只能在变压器没有励磁的条件下变换变压器的分接位置，改变变压器的电压。

（六）主变压器冷却系统运行方式

抽水蓄能电站的主变压器大多布置在地下厂房，空间狭小，空气流通差。为了将变压器在运行中由损耗所产生的热量散发出去，以保证变压器安全运行，抽水蓄能电站主变压器冷却方式主要采用强迫导向油循环水冷（ODWF）。通常冷却水取自下水库，其压力远大于变压器的油压，为防止铜管破裂时水进入到绝缘油中，冷却中的冷却水管采用双层铜胀管。油流方向是下进上出，水流方向是上进下出。

（七）主变压器消防启动逻辑

（1）油浸式变压器的绝缘油（矿物油）是可燃物，其闭口闪点在 140℃ 左右，在一定的条件下可以燃烧。抽水蓄能电站的主变压器多布置在地下厂房，一旦发生火灾施救、排烟都相当困难。为降低火灾损失，在主变压器室内会布置一套固定式水灭火消防系统。当发生火情时，电子探测器探测到烟或温度的变化后发送信号给控制系统，控制系统经过逻辑运算后发出灭火命令，自动喷淋阀打开。高压水流经过布置在变压器上方的喷头雾化并喷向火区，水雾将燃烧着的油层表面乳化，隔绝油与空气，并对油进行冷却，阻止继续燃烧。在乳化、窒息、冷却这三重作用下快速将火扑灭。与此同时，将报警信号送至全厂监控系统，在现地有声光报警。

（2）变压器发生火灾时，通常会造成变压器油箱破裂，导致变压器油快速流失，此时如果故障点温度很高，暴露在空气中，则会起火发生火灾。在油浸式变压器室内修筑事故油池，油池顶部铺一层直径 50～80mm 的鹅卵石，这样溢出的变压器油会快速地排入事故油池，避免事故扩大。

（3）消防装置的控制盘以及手动释放按钮布置主变室外。这样，即使主变压器室内发生火情，也不需要有人员进入主变压器室便可操作主变消防系统。

第三节　GIS 设备系统简介

一、GIS 设备系统定义

GIS 设备将一座变电站中除变压器以外的一次设备，包括断路器、隔离开关、接地开关、电压互感器、电流互感器、避雷器、母线、电缆终端、进出线套管等，经优化设计有机地组合成一个整体。它的优点在于占地面积小，可靠性高，安全性强，维护工作量小。

二、GIS 设备组成

GIS 设备包括断路器、隔离开关、接地开关、电压互感器、电流互感器、避雷器、母线、电缆终端、进出线套管等。

（一）SF_6 气体

GIS 通常使用的绝缘气体为六氟化硫（SF_6）。六氟化硫（SF_6）是一种无色、无味、无毒、不燃烧、化学惰性的中性气体，比空气重 5 倍，具有良好的绝缘性能和灭弧能力，其中绝缘性能为空气的 2.5 倍。六氟化硫（SF_6）在封闭环境下有很强的再生能力，故能循环使用。

（二）SF_6 断路器

GIS 断路器常见为 SF_6 断路器，起导通、截断电流作用。断路器为单压压气式双断口灭弧室结构。灭弧室中有相互独立的主触头和弧触头。开断短路电流时，自能式灭弧室利用电弧的热能产生熄灭电弧的气流。

（三）500kV 接地开关

500kV 接地开关一般和隔离开关组合使用，主要起到回路接地、保证维护人员安全的作用。

（四）绝缘盆

绝缘盆分为不透气绝缘盆和透气绝缘盆，作用为将相邻气室相互隔离。

（五）避雷器

避雷器的作用主要是保护电气设备免受高瞬态过电压的危害，并限制续流时间和续流幅值。具体来说，避雷器通常连接在电网导线与地线之间，有时也连接在电器绕组旁或导线之间，起着释放过电压能量的作用。

当雷电或内部过电压波沿线路袭来时，避雷器会先于与其并联的被保护设备放电，从而限制过电压，保护设备的绝缘不被损害。之后避雷器又能迅速切断续流，以保证系统的安全运行。

（六）电压互感器

电压互感器是电力系统中非常重要的设备，主要用于将高压电网的电压变化转换为低压的测量信号，供测量、保护和控制装置使用。

（七）电流互感器

电流互感器是依据电磁感应原理将一次侧大电流转换成二次侧小电流来测量的仪器。

第四节　高压电缆系统简介

一、高压电缆系统定义

高压电缆是电力电缆的一种，指用于传输 1~1000kV 的电力电缆，由高压输电导线通过固体绝缘体隔离后封闭在接地的金属屏蔽内部。主要用于城区、国防工程和电站等必须采用地下输电部位，还应用于水电站、抽水蓄能电站和城网建设等电力系统，实现大容量输送电能。

二、高压电缆组成

高压电缆常由电缆本体、电缆终端、接地回流线、单相保护接地箱、三相直接接地箱、接地电缆、绝缘法兰保护器和电缆在线监测装置等组成。

1. 交联聚乙烯绝缘电缆（XLPE 电缆）

高压电缆是电力电缆的一种，指用于传输 1~1000kV 的电力电缆，由高压输电导线通过固体绝缘体隔离后封闭在接地的金属屏蔽内部。主要用于城区、国防工程和电站等必须采用地下输电部位，还应用于水电站、抽水蓄能电站和城网建设等输变电系统，实现大容量输送电能。高压电缆常由电缆本体、电缆终端、接地回流线、单相保护接地箱、三相直接接地箱、接地电缆、绝缘法兰保护器和电缆在线监测装置等组成。

2. 电缆终端

用于连接高压电缆与其他输电线路。终端一侧处于 SF_6 气体中，另一侧位于环氧绝缘层筒中，连接过渡区应力锥均匀电场应力；终端是最重要的电缆附件。

3. 电缆接头

连接电缆与电缆的导体、绝缘、屏蔽层和保护层，以使电缆线路连续的装置。

4. 电缆护层过电压限制器

串接在电缆金属屏蔽（金属套）和大地之间，用来限制在系统暂态过电压中金属屏蔽层电压的装置。

5. 回流线

单芯电缆金属屏蔽（金属套）单端接地时，为抑制单相接地故障电流形成的磁场对外界的影响和降低金属屏蔽（金属套）上的感应电压，沿电缆线路敷设一根阻抗较低的接地线，作用是尽可能减少故障短路电流产生的绞链在金属护层上的感应磁通量。

6. 接地线

使高压电缆外护套、电缆支架等设备可靠接地。

7. 单相保护接地箱

当电缆出现操作过电压、雷击过电压或短路等严重故障时，屏蔽层将产生较高的瞬时冲击过电压，此时过压保护器接通，屏蔽层通过回流线形成良好的电流回路，降低屏蔽层电压，避免破坏绝缘。

8. 绝缘法兰保护器

用于保护电气设备免受雷击时高瞬态过电压危害，并限制续流时间和续流幅值。正常工作电压时流过避雷器的电流极小（微安或毫安级）；当过电压作用时，电阻急剧下降，泄放过电压的能量，达到保护的效果。

9. 电缆在线监测装置

包含电缆温度在线监测系统及电缆外护套多点接地监测装置等。

电缆温度在线监测系统：通过敷设在电缆的光纤来检测电缆的表面温度，控制设备即时显示测量的表面温度和计算得到的导体温度。导体温度计算是通过电缆表面温度和通过的电流量来计算，计算得到的导体温度如超过设定的温度将自动报警。报警信号将通过控制设备传输到主控室。

电缆外护套多点接地监测装置：在每回 500kV 电缆金属套接地端的连接回路中，每相配置一个电流互感器、表计及变送器等，用来检测电缆金属套有无多点接地并输出相关信号至监控系统。

第五节　出线场设备系统简介

一、出线场设备定义

出线场设备作用是将机组发出的电能，经过升压后，向各地输送电能的供电中心。

出线场设备通常由 GIS 出线套管、电容式电压互感器、避雷器、阻波器、引线、绝缘子串和龙门架等设备组成。

二、出线场设备组成

1. GIS 出线套管

GIS 出线套管是供高压导体穿过与其电位不同的隔板（如 GIS 金属外壳），起绝缘和支持作用，用于引出导体传输电能，起绝缘和支持作用。

2. 电容式电压互感器

电容式电压互感器作用是将分压电容器上的电压降低到所需的二次电压值。由于分压电容器上的电压会随负荷变化，在分压回路上串入电抗器补偿电容器内阻抗，使二次电压稳定。

基本结构包括电容分压器和电磁装置，电容分压器由电容分压器 C1（主电容器）和串联电容器 C2（分压电容器）组成。

3. 避雷器

用于保护电气设备免受高瞬态过电压危害并限制续流时间及常限制续流幅值的一种电器。当电力系统输变电和配电设备在运行中，受到雷电过电压和操作过电压的作用时，金属氧化物避雷器使电器设备上的雷电过电压和操作过电压得到有效的限制。

4. 阻波器

阻波器与输电线路串联使用，对某些特定频率或频带提供波阻抗，为电力载波通信提供信号通道的电抗器。

5. 出线场引线

高压输电的载流导体。

6. 绝缘子串

绝缘子串指两个或多个绝缘子元件组合在一起，柔性悬挂导线的组件，用于悬挂导线并使导线与杆塔和大地绝缘。

7. 出线场龙门架

用于支撑高压输电导线的构架。

第六节　母线及启动设备系统简介

一、母线及启动设备定义

母线及启动设备主要分为发电机出口设备、主变压器低压侧设备、启动母线设备。

发电电动机出口主要包括：离相封闭母线、机组出口开关、换相闸刀、拖动闸刀、电气制动开关（闸刀）、开关机组侧接地开关、开关换相闸刀侧接地开关、避雷器和电容器、电压互感器、电流互感器及母线干燥装置。

主变压器低压侧设备主要包括：厂用变压器及静止变频器（static frequency convertor，

SFC）输入闸刀、主变压器低压侧电压互感器、电抗器及避雷器。

启动母线设备主要包括：被拖动闸刀、启动母线分段闸刀及接地开关、离相封闭母线等。

二、母线及启动设备组成

（一）发电机出口开关

大多数抽水蓄能电站都配备有发电机出口开关（GCB）并装设在发电机出口处，以减少机组启停时对主变压器的冲击，承担正常运行时的切换操作、短路故障跳闸及同期并网合闸等作用，当系统出现故障时，可以迅速切断机组与主变的联系，保护机组和主变压器。

（二）换相隔离开关

换相隔离开关（phase reservation disconnector，PRD）为抽水蓄能电站特有的设备，能满足抽水蓄能机组发电方向和抽水方向运行时对相序的不同要求。

（三）电气制动开关

抽水蓄能机组正常停机通常采用电气制动和机械制动的联合制动停机方式，电气制动开关在机组正常停机过程中转速低于 50% 额度转速时合上，与励磁系统配合以实现电气制动，将发电机转子的机械能转换为热能消耗在定子绕组上，达到快速制动停机的目的。

（四）启动母线闸刀

启动母线闸刀包括被拖动闸刀、启动母线分段闸刀和分支母线闸刀，是抽水蓄能电站的特有设备。该设备是为了满足抽水蓄能机组抽水方向启动而设置的，包括 SFC 启动和背靠背启动。

（五）避雷器和电容器

避雷器作用是限制入侵雷电波的幅值，同时限制操作过电压。

发电机出口开关并接电容器作用是限制断路器暂态开断恢复电压上升率。

（六）电压互感器

抽水蓄能电站发电机出口电压互感器一般选用电磁式电压互感器。电压互感器主要用于电气设备的保护、测量、调节和控制。

（七）电流互感器

抽水蓄能电站发电机出口电流互感器一般选用穿心式电流互感器，适合于离相封闭母线安装。电流互感器主要用于电气设备的测量和保护。

（八）离相封闭母线

抽水蓄能电站厂房均为地下厂房，电气设备布置比较紧凑，再加上山洞内环境比较潮湿，为了保证电气设备的绝缘性能，发电机出口主母线、启动母线及分支母线通常采用离相封闭母线。

（九）接地开关

抽水蓄能电站发电机出口接地开关包括发电机出口主母线接地开关和启动母线接地开

关，用于相应的母线段设备检修时的安全接地。

（十）母线干燥装置

母线干燥装置采用大流量空气闭式循环干燥方式，对母线内空气循环不断地进行干燥，可使母线内湿度保持很低的水平，对母线的密封性要求相对不高。

（十一）电抗器

抽水蓄能电站一般为串联电抗器，主要用来限制短路电流，也有在滤波器中与电容器串联或并联用来限制电网中的高次谐波。

第七节　厂用电设备系统简介

一、厂用电设备定义

厂用电系统是指由厂内各级高、低压厂用变压器及其供电网络组成的系统，用以保障电站机电、辅助设备用电及照明用电。抽水蓄能电站机组、主变等主机设备在启动、运转、停役、检修过程中，需要有大量的辅机设备配合工作，以确保主机设备的正常运行，这些在生产、运行过程中抽水蓄能电站设备本身的用电称为厂用电，厂用电是影响抽水蓄能电站可靠、经济运行的重要方面。厂用电的接线形式与电站装机容量密切相关，单机容量越大，在电力系统中占有的地位越重要，则其接线形式要求更为可靠与安全。

二、厂用电负荷分类

（一）Ⅰ类负荷

Ⅰ类负荷指短时停电也可能会造成设备损坏、危及人身安全、主机停运的负荷，如调速器、球阀油泵电源等。供电要求：双回路供电，且互为备用，分别接到两个独立的电源上，并加装备用电源自投装置。

（二）Ⅱ类负荷

允许短时停电，恢复供电后，不致造成生产紊乱的厂用负荷，属于Ⅱ类负荷。此类负荷不需要24h连续运行，但较长时间停电有可能损坏设备或影响机组正常运行。供电要求：一般由两段母线分别供电，抽水蓄能电站一般对此类负荷也加装备用电源自投装置。

（三）Ⅲ类负荷

长时间停电也不影响生产的负荷，属于Ⅲ类负荷，如实验室及油处理室等负荷。供电要求：一般由一路电源供电。

（四）不停电负荷

不停电负荷指不能停电的负荷，如抽水蓄能电站监控系统电源。此类负荷在设备运行期间必须确保连续可靠用电，如果短时失电将造成数据遗失或设备失控。供电要求：UPS双回路供电，且互为备用，并加装备用电源自投装置。

（五）事故保安负荷

在正常运行工况下时相当于Ⅰ、Ⅱ类负荷，一旦全厂停电时，该类负荷由不受本电站厂用电及本区域电力系统影响的独立电源供电，以保证蓄能机组安全停机，不致造成设备损坏。

三、厂用电设备组成

抽水蓄能电站厂用电系统通常由厂用变压器、开关、母线、配电盘、柴油发电机和继电保护装置等组成。

（一）35kV厂用电设备

抽蓄电站备用电源配置应根据需求选用电压等级。主要设备有35kV厂用变压器开关、35/10.5kV或6.3kV厂用高压变压器、35kV户外隔离开关、35kV输电线路等，其主要功能是通过送电至备用母线作为备用电源，并通过母联开关实现对其他段母线的供电，35kV厂用高压变压器容量应与其他厂用变压器容量一致，在事故情况下也应满足电站所有厂用负荷的要求。

（二）10.5kV或6.3kV厂用电设备

抽水蓄能电站10.5kV或6.3kV厂用电设备主要有10.5kV或6.3kV进线、馈线、母联开关及开关柜，10.5kV或6.3/0.4kV变压器等，其主要功能是将厂用不同分段母线通过不同用途的配电变压器送电至各相应区域，实现对各0.4kV配电系统的供电，如机组自用配电、厂房公用配电等。

（三）0.4kV厂用电设备

0.4kV厂用电设备主要有0.4kV进线/馈线/母联开关、母线、配电屏及各输电线路等，其功能主要是通过各馈线开关将电送至各用电负荷。

抽水蓄能电站0.4kV馈线开关柜一般采用MNS系列抽屉式开关柜。这种开关柜在抽出式组件做抽出操作时，母线不必断电，操作者不易触电，也不影响其他负荷，便于检修维护。

（四）柴油发电机

抽水蓄能电站柴油发电机主要作为电站的保安电源，当全厂厂用电源全部消失时，提供保安负荷和机组黑启动电源，柴油发电机的容量应能满足一台机组黑启动时所需的厂用负荷容量。

（五）厂用其他设备

抽水蓄能电站厂用设备中还配有避雷器、电抗器、电流互感器、电压互感器等设备。

思　考　题

1. 抽水蓄能电站常见的接线方式有哪些？

2. 变压器铁芯的作用是什么？

3. 高压电缆包含哪些结构？

4. 厂用电负荷分类有哪些？

第二章 主变压器运检

本章概述

    主变压器是作为抽水蓄能电站重要的一次设备，一般布置在发电电动机与 GIS 等高压输电设备之间，承担着升高或降低电压的作用，以利于电能的合理输送、分配和使用。抽蓄主变压器常见为 220kV 或 500kV，与发电电动机采用"一机一变"的连接方式。

    本章包含主变压器巡检、主变压器操作、主变压器典型事故处理、主变压器及其附属设备结构及原理、主变压器日常维护、主变压器检修、主变压器试验检测、主变压器典型案例及反措八部分内容。

学习目标

学习目标	
知识目标	1. 掌握变压器的运行参数、设备组成及常见故障。 2. 熟悉变压器绝缘预防性试验的方法，并能够通过主变压器现场情况及运行数据综合分析判断变压器的运行情况，当变压器出现异常情况时能够及时发现问题，并根据预案采取措施确保设备安全。本章还讲解了变压器的两票要点，培训后学员应能思路清晰的填写出正确规范的操作票和工作票。 3. 掌握变压器基本结构和工作原理。
技能目标	1. 熟悉变压器巡检、点检等工作的基本内容和要求。 2. 熟悉变压器日常维护基本要求、变压器检修策略、检修项目和工序及质量标准。 3. 熟悉变压器典型事故处理方法，掌握变压器故障分析方法。

第一节 主变压器巡检

一、运行监盘

（一）监视周期

    运行值班人员应密切监视主变压器冷却器、顶层油温、绕组温度、高低压侧三相电压、功率等监控画面和监控报文信息。应定期调阅主变室工业电视实时画面，每轮班不少于1次。

（二）监视内容

1. 正常运行方式下的监视检查

（1）监视变压器顶层油温、绕组温度、油枕油位等在正常范围内，运行温度无异常突变，符合主变压器温度变化规律；

（2）监视变压器冷却器运行正常，无报警信息，冷却器运行台数符合运行状态下的启停逻辑；

（3）监视变压器有功功率、无功功率正常；

（4）监视变压器高、低压侧三相电压应平衡；

（5）监视监控报警信息窗无主变压器其他相关报警信息；

（6）定期调阅主变室工业电视实时画面，无放电、着火、烟雾等现象。

2. 异常运行方式下的监视检查

（1）油浸（自然循环）风冷变压器，风扇停止工作时，允许的负载和运行时间，应按制造厂的规定。当油浸风冷变压器冷却系统部分故障停风扇后，顶层油温不超过65℃时，允许带额定负载运行；

（2）强迫油循环水冷或风冷变压器，当冷却系统故障切除全部冷却器时，允许带额定负载运行20min。如果20min后顶层油温尚未达到75℃，则允许上升到75℃，但在这种状态下运行的最长时间不得超过1h；

（3）主变压器运行过程中出现渗油时，若渗油量不大，可继续运行，但应密切监视主变压器油位示数，不得低于运行限值。

二、日常巡视

巡视检查应按规定的内容和路线进行，主要内容是检查主变压器运行声音、温度及油位等是否正常，记录设备主要运行参数。

（一）巡检周期

（1）主变压器每日至少开展一次日常巡视，每周应结合对应机组不同工况，至少开展一次巡检。

（2）下列情况应增加巡检次数：

1）新设备或经过检修、改造后的主变压器在投运72h内；

2）有严重缺陷时；

3）高温季节、高峰负载期间；

4）雷雨季节特别是雷雨后；

5）同类型主变压器已发生过故障。

（二）巡视内容

日常巡检的具体内容主要包括主变压器外部、油温油位、运行声音、分接开关、控制柜、主变压器室环境、在线监测装置及冷却器检查。

三、专业巡检（点检）

（一）专业巡检周期

设备主人应定期开展主变压器专业巡视，检查周期应在现场规程中明确，检查周期一般为 1 周一次。

（二）专业巡检内容

专业巡检的具体内容包括运行声音、本体外观、油温油位、呼吸器、非电量保护元件、套管、分接开关、中性点设备、色谱装置、铁芯夹件电流及冷却装置检查。

四、特巡

（一）特巡周期

特殊情况下应加强设备巡视，以下情况应进行设备特殊巡视：

（1）设备变动后。

（2）设备新投入运行后。

（3）设备经过检修、改造或长期停运后重新投入运行后。

（4）异常情况，如雷电、过负荷或负荷剧增、超温、设备发热、系统冲击、跳闸、有接地故障情况等，必要时，应派专人监视。

（5）设备缺陷近期有发展时、法定休假日、上级通知有重要保电任务时。

（6）变压器运行中发现不正常现象时。

（7）新投入或经过大修的变压器应进行巡视。

（二）特巡内容

1. 加密巡视要求

（1）变压器声音应正常，如发现响声特大，不均匀或有放电声，应认为内部有故障。

（2）油位变化应正常，应随温度的增加略有上升，如发现假油面应及时查明原因。

（3）用手触及每一组冷却器，温度应正常，以证实冷却器的有关阀门已打开。

（4）油温变化应正常，变压器带负荷后，油温应缓慢上升。

（5）对新投运变压器，24h 之内应进行一次红外测温。

（6）对新投运或大修后的变压器，应按相关规定进行变压器油气相色谱分析。

2. 带缺陷设备的巡视要求

（1）铁芯多点接地而接地电流较大且色谱异常时，应安排检修处理。在缺陷消除前，宜采取措施将电流限制在 100mA 以下，并加强监视。

（2）主变压器油中溶解气体在线监测数据出现异常时应立即加密主变压器油中溶解气体在线监测频次，同时开展设备巡视；确认数据异常后，应立即开展离线油色谱并对比分析。

（3）主变压器高压套管绝缘在线监测数据出现异常时应加强设备，并开展红外测温，若确认套管故障，应立即汇报。

（4）主变压器本体出现异常时，应加强巡视分析，结合异常现象开展设备检查。

（5）变压器有部分冷却装置故障，应经常监测温度。

（6）对有缺陷的变压器应缩短巡视时间。

（7）近期缺陷有发展时应加强巡视或派专人巡视。

第二节　主变压器操作

一、主变压器的状态

主变压器一般具有 4 种状态：运行、热备用、冷备用、检修。

（一）运行

主变压器运行一般是变压器高压侧隔离开关在合闸位置，主变压器带电。

（二）热备用

主变压器热备用状态一般是变压器高、低压侧隔离开关在合闸位置，接地开关在分闸位置，主变不带电。

（三）冷备用

主变压器冷备用状态一般是变压器高、低压侧隔离开关在分闸位置，接地开关在分闸位置。

（四）检修

主变压器检修状态一般指变压器高、低压侧隔离开关在分闸位置，接地开关在合闸位置。

二、主变压器隔离操作

主变压器由运行改为检修操作，一般先将主变压器高压侧断路器由运行改为热备用，由热备用改为冷备用，再拉开主变压器高压侧隔离开关，此时主变压器由运行改为冷备用，在确认主变压器低压侧 PRD、SFC 输入隔离开关均已拉开并已锁上，厂用变压器断路器、励磁变交流开关 ECB 均已拉开并摇出至试验位置或检修位置，主变压器两侧电压互感器二次侧空开已拉开，验明主变压器两侧无电压后，合上主变压器高、低压侧接地开关，此时，主变压器由冷备用改为检修状态。在准备操作票时，可以将主变压器由运行直接改为检修，也可先改为冷备用，再由冷备用改为检修。此外，还需将主变压器保护由跳闸改为信号。

三、主变压器冲击操作

（1）在投运变压器前，值班人员应仔细检查，确认变压器及其保护装置在良好状态，具备带电运行条件。

（2）投运前务必检查送电回路上的接地线、接地开关均以拆除。

（3）变压器投运注意事项：

1）新装、大修、事故检修或换油后的主变压器，在送电前静置时间不应少于 72h，若有特殊情况不能满足规定，须经总工程师批准。

2）新投产的变压器或经过检修后的变压器，恢复送电以前，应进行详细的检查，检查项目包括：

a. 主变压器本体外观；

b. 变压器分接开关位置；

c. 变压器中性点铜排已连接；

d. 主变本体及有载分接开关（OLTC）油位是否正常；

e. 气体继电器内无积聚气体；

f. 直流控制电源正常；

g. 交流操作电源正常；

h. 空载冷却水回路畅通；

i. 冷却器控制方式在自动；

j. 各手动阀位置正确；

k. 各电动阀控制方式在远方 / 自动；

l. 变压器高 / 低压侧的电气设备（包括主变压器低压侧电压互感器空气开关及高压保险位置开关）；

m. 此外，还应检查临时接地线、遮栏和工作牌等均已撤除，全部工作票都已交回；

n. 在合上变压器闸刀前，还应检查变压器的开关确在拉开位置，检查变压器保护全部在跳闸位置（除主变压器高压侧过流保护），主变压器消防回路正常投入且在自动方式，合上闸刀，最后合上开关对变压器进行充电。

3）变压器充电后检查（主变压器控制盘、监控、保护等有无报警）。

a. 对变压器本体进行外观检查；

b. 检查变压器运行声音是否正常；

c. 检查空载冷却水回路是否工作正常（油流 / 油泵）；

d. 主用冷却器是否工作正常；

e. 变压器套管是否正常（无闪络、放电等）等；

f. 最后，还应对变压器高 / 低侧充电的一次电气设备进行详细的外部检查，若出现异常情况时，立即报告，由当班值长根据实际故障情况决定采取措施。

4）当主变新装或大修后刚投入试运行，有时气体继电器会动作频繁，可能原因是变压器在加油 / 滤油时，将空气带入变压器内部，没有及时排出，当变压器运行时油温升高，油循环加快，内部储存的空气逐渐排出，使气体继电器动作；遇到上述情况时，应根据变压器的声音、温度、油面及加油、滤油工作情况作综合分析，如变压器运行正常，则可判断为进入空气所致，可对气体继电器取气体分析，并排出积聚气体。

5）当主变新装或大修后刚投入试运行，在投运后的第 1、4、10、30d 应采取油样进行油色谱分析。

四、冷却系统操作

（1）主变压器冷却器的启停。主变压器冷却器的启停分为自动启停、手动启停。

（2）主变压器空载冷却水泵的启停。主变压器空载冷却水泵启停分为自动启停、手动启停。

五、消防系统操作

主变压器室消防系统由消防控制器、消防探测器、消防喷淋系统构成，一般采用高速水喷雾灭火方式，其水源由厂房公用供水经专门的消防水泵加压供水，有条件的电站则设置专用消防水池作为主用消防水源，公用供水作为备用消防水源。消防系统可通过远方自动方式、手动启动方式、现地紧急启动方式启动运行。

第三节　主变压器典型事故处理

一、主变压器事故处理的原则和要点

（1）当值班人员发现主变有异常情况时，应立即向当班值长报告，值长现场确认后，分析原因，作出判断，汇报调度部门有关情况，并申请转移该主变的负荷。

（2）若主变压器在空载时仍然有异常情况，应加强监视，并汇报公司领导及有关人员，决定是否申请主变停役检查。

（3）主变压器异常情况的处理应考虑对相邻主变压器及厂用电系统运行的影响，应做好充分的事故预想。

（4）若此时发生事故，则值班人员应根据监控显示、事件报警、设备异常现象、工业电视画面及厂房人员汇报信息综合判断，将事故情况汇报值长，值长负责进行必要的前期处理，限制事故发展，解除对人身和设备的危害。

（5）在发生事故主变跳闸后，注意监视相关机组停机过程及厂用电切换是否正常，防止事故扩大，确保运行系统的设备继续安全运行。

（6）主变压器跳闸后，若确认内部发生严重故障，为消除主变压器高压侧开关误合闸对人身和设备的威胁，应立即拉开主变压器高压侧开关、主变压器侧闸刀。

（7）及时向上级调度和值班领导汇报，通知维护值班人员进厂，组织分析事故原因，作

出后续相应处理决定。

（8）调整运行方式，尽可能恢复设备正常运行方式，处理停电事故时，应首先恢复厂用电系统和直流系统。

（9）主变跳闸后，若检查发现油箱爆裂冒油等现象，为防止发生主变压器室内油气爆燃情况，无论消防是否动作，应尽快手动启动消防喷淋降温，同时手动紧急打开故障主变事故排油阀，降低油箱油位，通知消防队进厂。

（10）若主变压器跳闸后，发现故障主变室有烟雾冒出，现场检查人员必须确认主变压器各侧电源已跳开，在确认安全的前提下迅速穿戴好正压式空气呼吸器等个人防护措施方可接近主变压器室，确认主变压器无着火可能后方可进入主变室检查处置。

二、典型主变事故处理分析

（一）主变运行中发现声音异常的分析处理

（1）主变压器正常运行为持续均匀的"嗡嗡"声。

（2）主变压器在运行中，若本体内发出金属撞击声音，但各仪表指示均正常，原因可能为主变压器铁芯夹紧螺栓松动所致，应立即汇报，加强监视，并取油样对油色谱进行分析，必要时申请主变停役检查。

（3）如果主变压器本体有"咕噜咕噜"油沸腾声音，且在线监测数据异常，空间存在不均匀的放电"噼啪"声，表明主变压器绕组有绝缘损坏，或者是主变压器铁芯接地线断开等现象，此时应立即申请主变压器停役检查。

（4）如果异响发生在主变压器油管、水管、冷却器及其他附件连接处故障，应观察现象并采取相应措施（如切换冷却器、紧固连接螺栓等）。

（二）上层油温、绕组温度异常

（1）现场核对温度装置的正确性。

（2）现场检查主变冷却装置是否正常运行。

（3）检查主变的负荷和冷却油温、水温，并与相同负荷和冷却条件下的温度进行核对。

（4）若无法判断为温度表指示错误时，应申请适当降低主变的负荷至允许值之内。

（5）如发现主变油温或绕组温度较平时高出10℃以上或主变负荷不变温度却不断上升时，而检查结果证明冷却系统正常、温度装置正常，应查明原因，必要时立即申请将变压器停运。

（6）若温度升高的原因是由于冷却系统的故障，且在运行中无法修理者，应将变压器停运修理；若不能立即停运修理，则应将变压器的负载调整至规程规定的允许运行温度下的相应容量。

（7）在正常负载和冷却条件下，变压器温度不正常并不断上升，且经检查证明温度指示正确，则认为变压器已发生内部故障，应立即将变压器停运。

（三）主变油位下降（包括本体油位、OLTC 油位）

（1）如果油位降低是由长期轻度漏油或环境温度或冷却水温度过低引起，应加强巡视，并结合变压器停电机会及时补油。

（2）如果油位降低是由于储油柜气囊破裂或大量漏油所致，且无法制止时，应立即申请主变停役检查。

（3）若油位升高是因环境温度或冷却水温度上升引起，经查明并非假油位所致时，则应通知检修人员对主变适当排油，使油位降至与当时温度相对应的高度，以免溢油或压力释放保护动作。放油时应将重瓦斯保护改信号，放油结束后重新投跳闸。

（4）如果 OLTC 储油柜有油位异常升高或降低的情况，应检查 OLTC 油箱滤油回路是否有漏油的现象，并取主变本体油进行油中溶解气体分析以判断 OLTC 油箱主变油箱间是否存在互渗。

（四）主变压器冷却系统故障处理

（1）主变压器无冷却水运行参照主变运行限额，在此情况下应加强对主变各部温度及在线监测数据的监视，若有异常应申请主变减负荷运行或停役。

（2）根据监控报警及相应画面判断故障的性质，并查看备用冷却器是否投入运行。

（3）若冷却系统故障由于冷却水丢失引起，则：

1）主变压器在空载状态，应检查空载冷却水泵是否停运、主变空载冷却进水电动阀或流量控制阀的状态，若故障一时无法排除，应将上述设备切至手动启动或打开；

2）主变压器在负载状态，应检查机组技术供水系统情况，若机组技术供水丢失，应立即手动打开空载电动阀、启动冷却器，尽快恢复技术供水，同时监视主变压器上层油温不超过 80℃，若温度继续上升，应立即申请转移负荷。

（4）若冷却系统故障由于 PLC 故障原因引起，应立即将各冷却器及阀门切至手动控制，根据主变状态及温度来决定冷却器的投运台数。

（5）若冷却系统故障由于交流电源丢失所致，应查看各级供电开关及熔断器的运行情况，若主用电源丢失且电源切换装置无法自动切换，应手动切至备用电源供给。

（6）若冷却系统故障由于冷却器本体故障所致，如大量漏油、漏水及油系统故障等则应立即隔离故障冷却器，并观察备用冷却器或温控冷却器运行正常。

（7）若冷却器运行中，出现冷却器渗漏报警，则应立即隔离故障冷却器，启动备用冷却器，通知检修人员对油样进行含水量的分析，根据结果决定主变压器是否停役滤油。

（8）若主变压器冷却器全停，应检查交流电源是否丢失，若未丢失则手动启动冷却器，再检查 PLC 是否故障，PLC 是否收到主变压器停运错误信号等。

（五）主变压器油中溶解气体在线监测装置数值异常情况处理

（1）若主变油中溶解气体在线监测数据较以往数据变化较大，应检查主变有无其他报警，色谱数据中其他组分气体变化是否一致增大，对比查看主变上层油温、其他在线监测数据等是否出现异常,依据三比值法等初步判断主变状态或故障类型,再次手动启动主变油中溶解气体在线监测装置。

(2)现场检查主变声音、振动等参数,并通知检修人员检查,无法判断主变压器是否正常时,应进行离线油化验,对比在线与离线化验结果,判断变压器运行是否正常;若首次出现乙炔,应立即进行离线油化验,并手动再次启动在线色谱装置,对比分析,同时关注主变运行状况。

(六)高压套管绝缘在线监测数据突变

(1)若高压套管检测数据异常,值班人员应通知值长,同时做好主变压器高压套管可能出现事故和主变压器爆炸的事故预想,同时加强主变压器油温等数据监测。

(2)值长应首先分析是否由于监测设备测量错误导致,通知维护人员一起检查,并汇报部门主任或专工、公司分管领导。

(3)在对数据进行分析判断,若能判断主变压器高压套管电容变化量超过厂家规定值,应立即汇报公司领导,经领导同意后向调度部门申请主变压器停役。

(4)若主变压器处于负载运行,则取得调度部门同意将本单元运行机组的负荷转移至其他单元机组,本单元机组停机。

(5)若主变压器处于空载运行,在取得调度部门、公司领导同意后,将主变压器停役。

(6)主变压器停役过程中,应注意厂用电的倒换。

(7)主变压器停役后及时通知检修人员对主变压器高压套管进行试验分析。

(七)主变本体轻瓦斯保护装置动作处理

(1)轻瓦斯动作告警的原因主要有:

1)因滤油、加油和冷却系统不严密,致使空气进入变压器;

2)温度下降和漏油致使油位缓慢降低;

3)变压器内部轻微故障,产生少量气体;

4)变压器内部短路;

5)保护装置二次回路故障(如直流系统发生两点接地现象)。

(2)轻瓦斯保护动作告警时,运行值班人员应立即:

1)主变压器轻瓦斯保护动作后,应综合检查在线油中溶解气体监测装置中主要特征气体含量、主变压器局部放电在线监测数据等数据信息,若无法判定为误动,则应立即将变压器退出运行后再进一步处置。

2)复归信号,对主变进行外观检查(如储油柜的油位),观察主变压器负荷、油温、运行声音及在线监测数据的情况,查明动作原因,是否因积聚空气、油位降低、二次回路故障或是变压器内部故障造成的。如气体继电器内有气体,则应记录气量,观察气体的颜色及试验是否可燃,并取气样和油样做色谱分析,进而判断变压器的故障性质。

3)若气体继电器内的气体是无色、无臭且不可燃,色谱判断为空气,则变压器可继续运行，并及时消除进气缺陷；若气体是可燃或油中溶解气体分析结果异常，应综合判断确定变压器是否停运。

4）若判断主变压器无法继续运行，则及时汇报公司领导、调度部门，尽可能申请转移变压器负荷直至停运该变压器，在变压器停运之前，继续监视变压器的运行情况。

5）若取出的气体色谱分析判断为空气，则应取瓦斯继电器内积聚的空气，并应注意本次信号与下次信号动作间隔时间，如信号越来越稀，且不久信号即消失，则说明变压器可运行；如果信号动作间隔时间越来越短，则表示变压器内部的确存在故障，此时运行值班人员应尽快汇报调度部门及有关领导，申请转移负荷或停运变压器。

（八）主变压器突变压力继电器动作报警处理

（1）主变压器设有突变压力继电器，当变压器内部发生事故时，由于绝缘油和绝缘物受热分解产生气体，油箱内压力急剧上升，此时继电器送出报警。

（2）若监控出现该告警时，运行值班人员应：

1）在监控上查看主变运行情况、监控有无其他相关报警，现场查看主变运行声音、温度、在线监测数据是否正常。

2）若监控无其他报警且现地检查无异常，则通知检修人员检查并进行油化验，若未发现异常，经领导批准继续运行；若油化验结果有异常，经领导同意后申请停运变压器。

3）若监控同时出现其他相关报警或现场检查主变有明显异常则汇报公司领导和调度部门，通知有关人员检查，必要时将变压器紧急停运。

（九）主变压器本体、OLTC重瓦斯保护装置动作处理

（1）重瓦斯保护动作跳闸后，在查明原因消除故障前不得将变压器投入运行。

（2）重瓦斯动作跳闸后，值班人员应：

1）查看监控画面，确认主变压器已跳闸，检查机组、厂用电运行情况。

2）查看主变压器有关保护动作情况，及时汇报调度部门及相关领导。

3）现地检查主变压器情况，若有火情处理详见主变压器着火处理内容。

4）对变压器进行外观检查，重点检查油中溶解气体在线监测数据等变化情况，储油柜、防爆管、冷却装置、各法兰连接处、各阀门等处是否喷油，变压器油箱是否膨胀，防爆管是否破裂喷油，各焊缝处是否裂开，变压器的油温/绕组温度变化正常等。

5）最后检查气体继电器内气体性质和油的气相色谱分析，若发现异常应尽快隔离故障主变进行处理，及时恢复相邻主变备用。

（3）为查明原因，应重点考虑以下因素，作出综合判断：

1）气体继电器是否呼吸不畅或排气未尽。

2）保护及直流等二次回路是否正常。

3）变压器外观有无明显反映故障性质的异常现象。

4）气体继电器中积集气体量，是否可燃。

5）气体继电器中的气体和油中溶解气体的色谱分析结果。

6）必要的电气试验结果。

7）变压器其他继电保护装置动作情况。

（4）若检查变压器外部无明显故障，检查瓦斯气体证明变压器内部无明显故障，经领导同意，在系统急需时可以试送一次，有条件时，应尽量进行零起升压（必要时可将重瓦斯保护改信号）。

（十）主变压器本体压力释放装置动作处理

（1）压力释放装置动作跳闸后，再查明原因、消除故障前不得将主变压器投入运行。

（2）压力释放装置动作跳闸的大致原因有：

1）主变压器本体内部发生严重的电气故障，产生大量气体导致箱体压力迅速升高到达压力释放装置限值。

2）OLTC分接头切换不到位或分接头接触电阻过大发热，导致油温上升。

（3）压力释放装置动作跳闸的处理：

1）查看主变压器高低压侧开关已跳开，确认主变压器已跳闸，检查机组、厂用电运行情况。

2）查看主变压器有关保护动作情况，及时汇报网调及相关领导。

3）现地检查主变压器情况，若有火情处理按照主变压器着火处理。

（4）对变压器进行外观检查，重点检查压力释放阀的喷油管是否有油喷出，是否破裂喷油、变压器油箱是否膨胀、各焊缝处是否裂开；检查储油柜、冷却装置、各法兰连接处、各阀门等处是否喷油，还应检查色谱数值变化情况、变压器的油温/绕组温度变化情况等，并进行油的气相色谱分析，若发现异常尽快隔离故障主变并进行处理，恢复相邻主变备用。

（5）若检查变压器外观无异常无喷油，通过油的气相色谱分析证明变压器内部无明显故障，则通知相关人员检查压力释放装置。

（十一）主变压器铁芯/夹件电流异常处理

若主变铁芯/夹件电流值异常时，值班人员应加强监视并赴现场检查，现场检查主变本体有无异常情况，手动测量夹件接地电流实际值，并立即汇报公司领导，及时通知检修人员取油样进行化验。

（十二）主变压器着火处理

（1）运行值班人员得到有关主变压器的火情信息，应佩带呼吸器，保证人身安全下立即赴现场确认或通过工业电视确认，若确认主变压器室内发生火情，则立即启动主变压器着火相关应急预案。

（2）若确认主变压器室内确已着火，应检查主变压器消防装置是否动作，若未动作则手动启动主变压器消防装置，打开故障主变压器事故排油阀，降低油箱油位，并立即通知消防队进厂。

（3）隔离主变压器，并及时汇报调度部门。

（4）拉开主变压器冷却系统交直流电源开关，检查主变压器室防火阀已关闭。

（5）根据火情决定是否需要停下邻近主变压器。

（6）消防人员到达后，做好必要交代并配合其进行消防灭火。

（7）主变压器消防处理过程中，应始终注意人员的安全疏散。

（8）主变压器火势扑灭后，应及时启动主变压器消防排烟系统。

（9）主变压器火势扑灭后，及时停止主变压器喷淋，防止主变压器事故油池溢出，联系综合班启动主变压器事故油池净油设备。

第四节　主变压器及其附属设备结构及原理

主变压器的基本结构主要包括：铁芯、绕组、绝缘结构、油箱及其他部件。

一、铁芯

铁芯是主变压器的磁路部分，由铁芯叠片、绝缘件和铁芯结构件等组成，铁芯叠片多采用高导磁晶粒取向冷轧硅钢片，其含硅量约为 4%、厚度为 0.23～0.50mm，两面涂有绝缘漆，叠装此次序和叠装方法如图 2-4-1 和图 2-4-2 所示。铁芯被绕组围住的部分称为铁芯柱，其余部分称为铁轭，由于运输高度的限制，主变压器铁芯一般为三相五柱式。

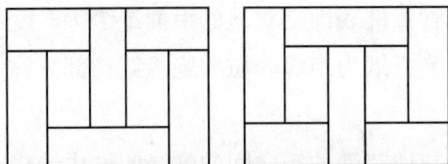

图 2-4-1　三相铁芯的叠装次序

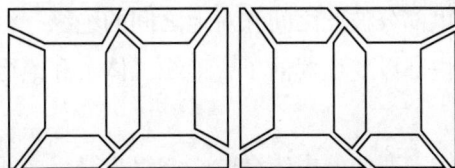

图 2-4-2　冷轧硅钢片的叠装法

为了使绕组便于制造和在电磁力作用下受力均匀及机械性能好，一般变压器都把绕组做成圆形。为了充分利用绕组内圆空间，大型变压器的铁芯柱一般都做成阶梯形，铁芯柱截面形状如图 2-4-3 所示。为使铁芯温升在允许限值内，在叠片一定厚度以后放置铁芯的冷却油道。

变压器的铁芯位于变器内部电场之中，由于静电感应在铁芯和其他金属构件上会产生悬浮电位而造成对地放电，对变压器的运行构成威胁，所以铁芯及其夹件等金属构件必须可靠接地。铁芯叠片只允许有一点接地，以防止铁芯接地点多于一个以上时构成回路而产生循环电流，造成局部过热。

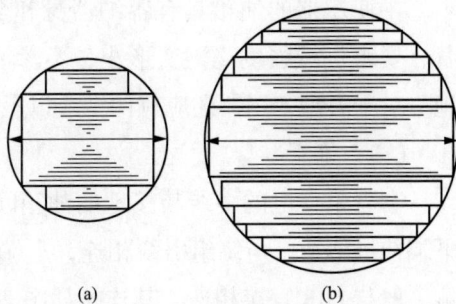

（a）　　　　　（b）

图 2-4-3　铁芯柱截面的形状

变压器的空载损耗主要是铁芯硅钢片中的磁滞损耗、涡流损耗和空载电流在导线上的热损耗组成，其中绝大部分是硅钢片的损耗。

变压器的噪声主要是由铁芯硅钢片的磁致伸缩引起，选用高导磁磁性硅钢片可降低变压器噪声。

励磁涌流是在变压器直接合闸时形成的冲击电流瞬变现象，其冲击电流峰值接近或大于变压器额定电流。若励磁涌流过大，一方面会在变压器内部引起较大电动应力，危害变压器绝缘；另一方面可能引起变压器保护跳闸，对电网产生操作冲击过电压。

二、绕组

绕组是主变压器的电路部分。大型变压器绕组一般使用换位导线，这种导线是多根漆包扁导线组合成紧密接触的两列，沿扁导线窄面做同一转向换位，并用电工绝缘纸带作多层连续紧密包绕而成。由于集肤效应的影响，使用多根相互绝缘的扁导线可增加导线通流能力，为加强绕组机械强度，让电流在各线股间均匀分布，多在漆包绝缘层外涂以胶粘剂，在热态下熔融粘合成自粘性的换位导线。

绕组的结构可分为层式和饼式。由于饼式绕组的轴向机械强度比层式绕组大，大型变压器绕组多采用饼式结构。

三、绝缘结构

（1）变压器的绝缘可分为外绝缘和内绝缘。外绝缘是指油箱外的绝缘，如各个绝缘套管带电部分彼此之间和对地之间的绝缘，沿绝缘套管瓷件表面上对地的沿面绝缘等。变压器油箱内部以变压器油（或绝缘气体）和绝缘纸板、绝缘纸为绝缘介质的绝缘结构部分称为内绝缘。

（2）变压器内绝缘中，绕组与绕组之间、绕组与铁芯和油箱之间的绝缘叫做主绝缘；而绕组的匝间、层间以及线饼间的绝缘叫做纵绝缘。

四、油箱及其他部件

（一）油箱

主变压器的油箱具有容纳器身和变压器油、散热冷却作用，它用钢板焊成，呈椭圆桶状，要求机械强度高，变形小，不渗漏，能承受负压。油箱在变压器运行时应始终可靠接地，对于大型变压器还应有两个或以上接地点，分别接于地网的不同网格。

（二）套管

套管是带电的引线与接地的油箱间的绝缘。套管装在油箱盖上。套管中心穿有导电杆，下端伸进油箱，与绕组引线相连，上端露出油箱外，以便与外电路连接。抽蓄主变压器高压侧一般与 GIS 直接相连，其连接如图 2-4-4 所示，高压套管多采用油 -SF_6 端头的环氧树脂浸渍绝缘干式电容套管，其结构如图 2-4-5 所示。低压套管因运行电压不高，可选用瓷套管或油-空气端头的环氧树脂浸渍绝缘干式电容套管。

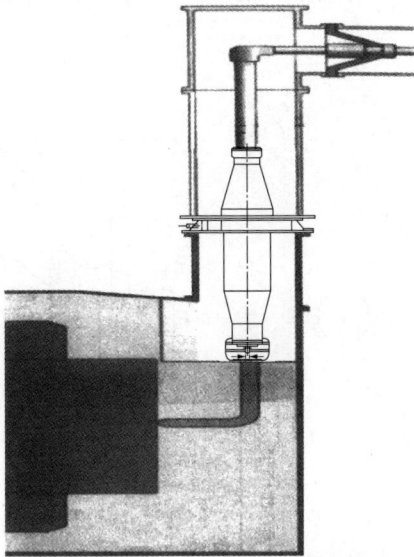

图 2-4-4　变压器高压套管连接　　　　图 2-4-5　变压器高压套管（胶纸电容型）

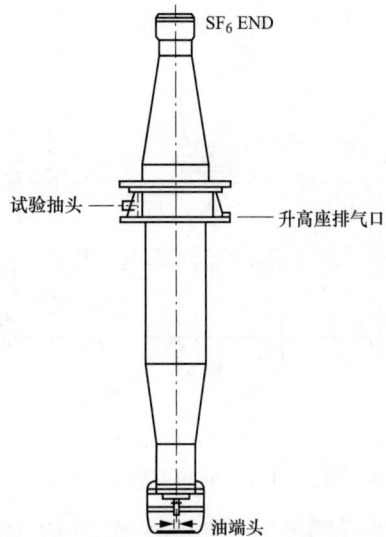

（三）分接开关

分接开关能够变换变压器绕组的匝数以达到调整变压器电压比的目的。只能够在变压器无励磁（切除电源）条件下调整电压比的分接开关称之为无励磁分接开关；能够在变压器励磁并带有负载条件下调整电压比的分接开关称之为有载分接开关。

（1）无励磁分接开关，是在变压器的一次侧和二次侧均与电网开路的情况下，用于变换绕组的分接，改变其有效匝数，从而达到调整电压的目的。无励磁分接开关的调压范围一般为 $\pm 2 \times 2.5\%$，大部分抽蓄主变压器采用这种调压方式。

（2）有载分接开关是在变压器负载运行时用于变换绕组的分接，改变其有效匝数，从而达到调整电压的目的。

分接选择器安装于变压器主油箱内，切换开关安装于单独充油的容器内，为避免切换开关室的绝缘油污染变压器主油箱中的油，其绝缘油不得与主油箱中的油相通并保证彼此密封隔绝。切换开关室也有一套独立的储油柜、吸湿器、保护继电器、压力释放阀等保护装置。

（四）油保护装置

油保护装置包括储油柜和油位计、吸湿器（呼吸器）、净油器。

1. 储油柜和油位计

储油柜是装在油箱顶上并与它连通的圆筒形容器，其结构示意图见图 2-4-6，它的作用是减小变压器油与空气的接触面积，以减缓油的受潮和氧化过程，同时为变压器油提供一个热胀冷缩的空间。为了防止空气中的水分和氧气侵入储油柜中，更有效地延缓绝缘油的老化，大型油浸式变压器的储油柜中装有橡胶胶囊或橡胶隔膜，这使储油柜中油不与外面空气接触。在储油柜的一端装有玻璃管油位计，用以指示实际油面，装有橡胶胶囊或橡胶隔膜的储油柜则采用指针式磁力油位计，通过变送器把油位信号传送至变压器的控制柜内，设置高、低油位报警，其结构见图 2-4-7。

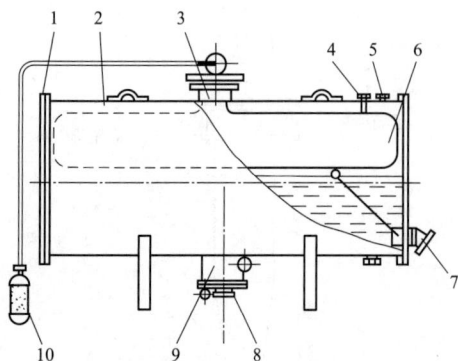

图 2-4-6　储油柜结构示意图

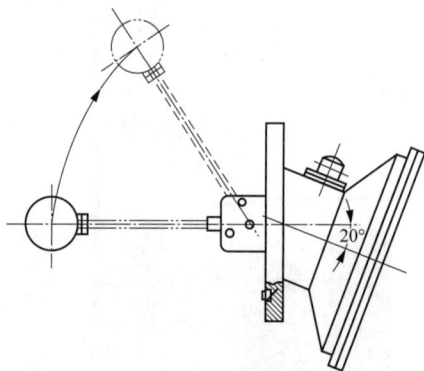

图 2-4-7　油位计

1. 端盖；2—柜体；3—罩；4—胶囊吊装器；5—塞子；
6—胶囊；7—油位计；8—蝶阀；9—集气室；10—吸湿器

2. 吸湿器（呼吸器）

为使储油柜内上部的空气是干燥的气体，避免工业粉尘的污染，储油柜下面通过连管装有吸湿器。在吸湿器内部装有干燥剂，使外界的空气必须经过吸湿器才能进入储油柜，用来清除吸入空气中的潮气和杂质。为监视吸湿器内的干燥剂是否饱和，一般选用变色硅胶作为干燥剂，当干燥剂受潮变色到一定程度时，应及时更换。

（五）安全保护装置

1. 气体继电器

气体继电器具有轻瓦斯报警、重瓦斯跳闸的功能，安装在油箱和储油柜之间的油管上。

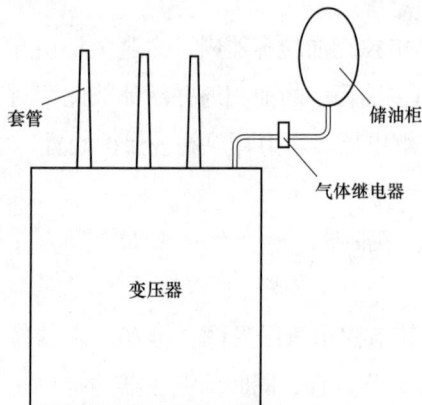

图 2-4-8　气体继电器安装位置图

轻瓦斯动作指的是当变压器内部发生轻微的放电或局部过热时，绝缘油及固体绝缘被分解产生的气体聚积在气体继电器的顶部，当气体的体积达到整定值时，发出报警信号，防止故障进一步发展。重瓦斯动作指的是变压器油箱内部发生高能放电时，变压器油被分解、汽化产生大量气体，把绝缘油挤向储油柜，当流过气体继电器的油的流速达到整定值时，推倒档板，干簧管内接点闭合，发出跳闸信号，瞬时切除变压器的电源。气体继电器应水平安装，其顶盖上标志的箭头应指向储油柜，气体继电器的结构如图 2-4-8 所示，其安装位置如图 2-4-9 所示。

2. 压力释放阀

当变压器内部发生高能放电故障时，变压器油被高温（电弧）分解产生大量的气体，油箱内部压力急剧升高，可能使油箱变形甚至爆裂，当油箱内部压力达到压力释放阀动作整定压力值时，压力释放阀迅速打开，使油箱内压力快速下降至安全值。主变正常运行时，压力释放阀被弹簧压住可靠关闭，隔绝外部的空气和水分。当主变发生事故时，为防止油箱内部压力沿油箱长度方向衰减导致压力释放阀拒动，一般沿油箱长轴两端各设置一个压力释放阀。压力释放阀的节点可作用于信号或跳闸，压力释放阀的外形及结构如图2-4-10所示。

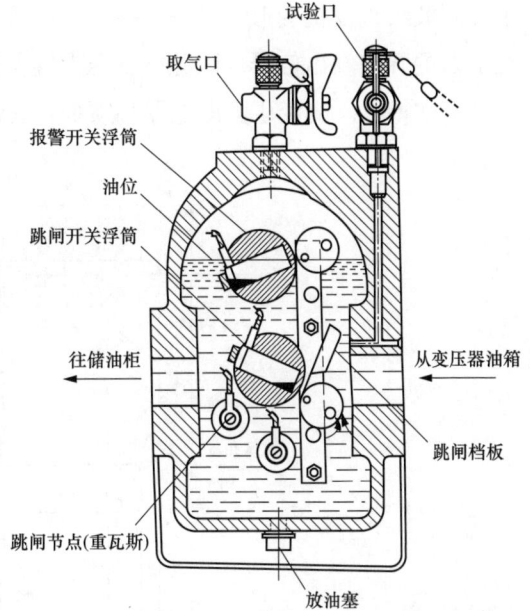

图 2-4-9　气体继电器结构图

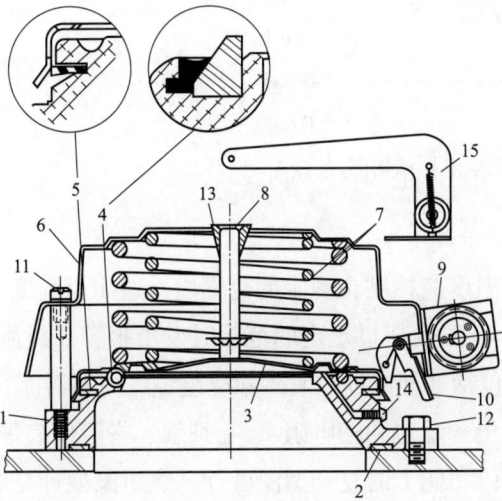

图 2-4-10　压力释放阀外形及结构图

1—安装法兰；2—密封垫；3—动作盘；4—顶部密封垫；5—侧向密封垫；6—外罩；7—弹簧；8—机械指示杆；9—报警开关；10—复位杆；11—外罩螺栓；12—安装螺栓；13—指示杆衬套；14—放气塞；15—指示杆复位扬旗

3. 突变压力继电器

突变压力继电器的结构如图2-4-11所示，它通常通过蝶阀安装在变压器油箱侧壁上，与储油柜中油面的距离为1~3m。继电器底部与变压器油连通，其内有一根检测波纹管。继电器内有一个密封的硅油管路系统，内置两个控制波纹管，一个控制波纹管的管路中有一个控制小孔。当变压器油的压力变化时，检测波纹管发生变形，这一作用传递到控制波纹管，若油压缓慢变化，则两个控制波纹管同样变化，继电器的开关不动作；当油压突然变化，一个控制波纹管发生变形，另一个控制波纹管因控制小孔的作用不发生变形，传动杆移动，使继电器的开关发出信号。因此突变压力继电器作用于变压器油箱内压力的上升率，具有反时限的动作特点。突变压力继电器必须垂直安装，放气塞在上端。

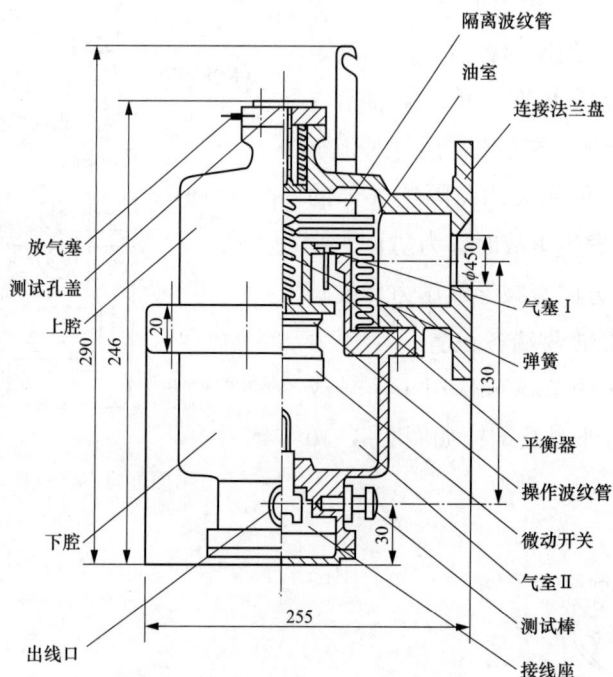

图 2-4-11　速动油压继电器结构图

（六）温度控制器（油温指示计、绕组温度指示计）

为保护变压器的安全运行，其绝缘介质运行温度应控制在规定的范围内。这需要温度控制器来提供温度的测量和冷却器的控制等功能，在温度超过规定的范围时发出报警或跳闸，确保设备的安全。大型油浸式变压器温度控制器包括油面温度控制器和绕组温度控制器。

油面温度控制器主要包括复合传感器（同时包含温包和铂电阻）、毛细管、指示仪表等，是具有压力式温度计和铂电阻式温度计（具有远传功能）的复合型温度计。绕组温度计是利用"热模拟"原理来进行主变绕组温度测量的。它是在顶层油温的基础上增加铜油温差，从而得到绕组温度模拟值。铜油温差可通过将套管电流互感器二次侧电流引至模拟加热的线圈中，根据电流互感器变比、负载电流等进行设置，从而获得额外加温。

（七）冷却装置

变压器运行时的各种损耗转化为热能，使变压器内部温度升高。一般认为，电气设备的运行温度超过限值后，每升高 6K，绝缘材料的老化速率就快一倍。

根据变压器的容量大小及运行条件的不同，冷却方式也有所不同。抽蓄主变压器大多布置在地下厂房，空间狭小，空气流通差，因此多采用强油水冷式冷却器。冷却装置由油水热交换器、油泵、进出口阀门、温度元件和流量计（开关）、管路等组成。冷却器一般由多组热交换器组成（一般为 4 组），根据主变压器运行状态及油温的不同，由主变压器 PLC 实现自动控制。冷却水取自下水库，一般分为负载冷却水和空载冷却水，为防止冷却器内铜管破裂时水进入到绝缘油中，冷却器内冷却水管采用双层铜胀管。

（八）消防灭火装置

油浸式变压器的绝缘油（矿物油）是可燃物，其闭口闪点在 140℃左右，在一定的条件下可以燃烧。抽水蓄能电站的主变压器多布置在地下厂房，一旦发生火灾施救、排烟都相当困难。为降低火灾损失，在主变压器室内会布置一套固定式消防系统。系统由监控系统和喷淋系统组成，其中监控系统有感烟或感温的火灾探测器、消防控制箱，喷淋系统有雨淋阀、管路、水源、喷头。当火灾探测器探测到火情后，经过一定的逻辑判断，自动开启雨淋阀灭火。

水可迅速使变压器主体表面冷却降温，产生的细小水雾可使周围空气中的氧含量降低，达到窒息灭火的目的，同时还能将外泄的油品乳化和稀释，增强灭火效果。

变压器发生火灾时，通常会造成变压器油箱破裂，导致变压器油快速流失，此时如果故障点温度很高，暴露在空气中，则会起火发生火灾。在油浸式变压器室内修筑一个事故油池，上面铺一层直径 50～80mm 的鹅卵石，这样溢出的变压器油会快速地排入事故油池，避免事故扩大。

（九）在线监测装置

目前应用的变压器在线监测装置有：油中溶解气体在线监测装置，铁芯和夹件接地电流在线监测，容性套管的绝缘在线监测装置及局部放电在线监测装置，变压器红外测温，变压器在线局部放电，变压器声级与振动等。

第五节　主变压器日常维护

一、主变压器日常维护及推荐周期

（一）定期维护及大小修周期推荐

（1）日常维护周期：每月一次。

（2）定期轮换工作周期可依据设备实际自行规定，如冷却器运行顺序切换、电源切换装置主备用切换（三个月一次）。

（二）定期维护项目

（1）变压器本体。

1）温度计指示应正常。

2）油位指示应正常。

3）温度计表盘正常。

（2）变压器渗漏。

1）套管法兰、阀门、冷却装置、油管路等密封处应无渗漏。

2）各焊缝处无渗漏。

（3）压力释放器装置。

1）压力释放装置无渗漏现象。

2）压力释放阀未动作过。

（4）气体继电器。

1）气体表计内应无气体集聚。

2）变压器运行声音和振动；应无异常噪声和振动。

（5）冷却装置。

1）冷却装置运行声音和振动。

2）冷却器运行时特别是循环油泵应无异常噪声和振动。

3）冷却器渗漏，冷却器阀门、油泵等应无漏油或漏水，油流、水流指示器和压力指示器指针指示应正常，且无剧烈抖动。

（6）套管。

1）外部应无脏污附着。

2）中性点套管瓷件应损伤。

3）低压套管无渗漏油、部件无锈蚀。

（7）呼吸器。

1）干燥剂变色部分小于2/3。

2）油盒内油位正常清洁。

（8）控制柜和动力柜。

1）柜门密封性良好。

2）柜内元器件应完整、无损坏现象。

3）柜内设备无异常报警，如有报警，应尽快查明原因并消除报警。

4）柜内电源切换装置应定期切换，一般每3～6个月一次。

（9）在线监测装置。

1）装置运行正常、无异常报警。

2）监测数据满足相应规范要求。

（10）绝缘油化验。

主变压器油化验周期：220kV每半年一次或周期更短，500kV每季度一次或周期更短，在迎峰度夏（冬）或其他负荷高峰期可增加频次。

（11）接地部分。

1）接地部分连接完好、无锈蚀、标记完好。

2）运行中主变压器铁芯应进行监测，接地电流应无突变，一般不大于100mA。

（12）主变压器红外检测。220kV 变压器红外测温周期为 3 个月，330kV 及以上变压器红外测温周期为 1 个月，测温人员应对主变压器红外成像图片进行分析，进而判断主变压器各部件运行状态。

二、运行中主变压器取油样

为全面了解主变压器运行状况及绕组绝缘等性能，生产实际中常用对主变绝缘油进行色谱分析的方法对运行中的主变进行在线诊断，进而为主变压器停电大修提供强有力的支撑依据。

（一）取样周期

（1）330kV 及以上主变压器应每 3 个月一次。

（2）220kV 及以上主变压器每 6 个月一次。

（3）当设备出现异常情况，例如在线监测数据异常、气体继电器动作、受大电流冲击或过励磁、或对测试结果有怀疑时，应立即取油样进行检测。

（4）当检测出的气体含量情况与以往历次相比有明显上升或异常但未超过临界值时，应增加油样化验频次。

（5）当处于迎峰度夏（冬）、重要保电期间，可相应增加油样化验频次。

（二）取样位置

（1）主变压器在上、中、下部均设置有油样取样阀，日常维护取油样化验一般选在主变压器下部的取样阀门。

（2）在特殊情况下可由不同的取样部位取样。

（三）取样准备

（1）取油样的容器：一般选择 100mL 全玻璃注射器，取样前应将注射器用有机溶剂、自来水、蒸馏水清洗，在 105℃下充分烘干，用小胶头盖住头部，粘贴标签；注射器应气密性良好，芯塞应无卡涩，可自由滑动，放置在专用盒内避光、防震、防潮保存。

（2）取样前，需先用干净甲级棉纱或纱布将取样油阀擦净，旋开螺母，接上取样用耐油管，再放油将阀门和管路冲洗干净。

（四）取样操作

（1）取样量：50～100mL。

（2）取样设备连接如图 2-5-1 所示，取样操作如图 2-5-2 所示，操作步骤如下：

1）取下主变压器底部放油阀处的防尘罩，旋开放油螺栓让油徐徐流出。

2）将放油接头 4 安装于放油阀上，并使放油橡胶管（耐油）置于放油接头上部，排除接头内的空气，待油流出。

3）将导管、三通、注射器依次连接好后，装于放油口 5 处，按箭头方向排除放油阀门内的死油，并冲洗连接导管。

4）旋转三通，利用油本身压力使油注入注射器，以便湿润和冲洗注射器（2～3 次）。

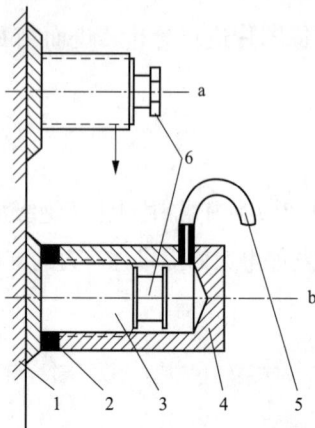

图 2-5-1 取样设备连接图   图 2-5-2 取油样操作示意图

1—主变油箱；2—胶垫；3—放油阀；
4—放油接头；5—放油口；6—放油螺栓

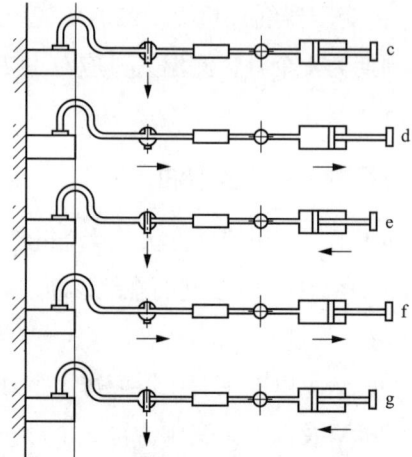

5）旋转三通与设备本体隔绝，推注射器芯子使其排空。

6）旋转三通与大气隔绝，借主变油的压力使油缓缓进入注射器中。

7）当注射器中油样达到所需毫升数时，立即旋转三通与本体隔绝，从注射器上拔下三通，在小胶头内的空气泡被油置换之后，盖在注射器的头部，将注射器置于专用油样盒内，填好样品标签。

三、运行中主变铁芯接地电流测量

主变压器正常运行时，铁芯和夹件有且只有一点可靠接地。若铁芯和夹件没有接地，则在交变电磁场下，铁芯和夹件会对地产生悬浮电位，造成铁芯和夹件对地断续性击穿放电。但当铁芯和夹件出现两点以上接地时会形成环流，造成铁芯和夹件局部过热烧毁，严重时会对周围绝缘材料的寿命产生影响。监视铁芯和夹件对地的接地电流是有效监测铁芯和夹件接地是否良好的重要手段。

（一）检测周期

对于铁芯和夹件接地线通过套管引出至地面的变压器，可安装铁芯和夹件接地电流在线监测装置，进行实时监视。若未安装在线监测设备，应当每 3 个月开展一次测量。

（二）测量位置

测量应在保证安全的前提下进行，对于铁芯和夹件接地线通过套管引出至地面的变压器，测量位置一般选取在地面。接地线未引至地面的，可不开展带电测量。

（三）测量准备

（1）防止人员触电或感应电伤人，测试时，要佩戴安全帽，戴绝缘手套，穿绝缘鞋。

（2）选择精度为毫安级的钳形电流表，测量口径应大于现场接地线直径，测量前确认与带电部位保持足够的安全距离。

（3）携带制作记录表格。

（四）测量操作

（1）试验人员将表平端，张开钳口，将被测导线放入钳口中央，然后松开扳手并使钳口闭合紧密。钳口的结合面如有杂声，应重新开合一次，仍有杂声，应处理结合面，以使读数准确。

（2）读数并记录数据后，张开钳口，将被测导线退出，关闭电源。

第六节　主变压器检修

一、主变压器检修分类

（1）按照检修策略的不同，可分为计划检修和状态检修，按照检修等级的不同，主变压器检修可分为大修和小修。

（2）运行中的主变压器大修推荐采用计划检修与状态检修相结合的检修策略。主变压器本体大修周期一般应在 10 年以上。大修标准项目的主要内容：主变压器制造厂家要求的项目；全面解体、检查、清扫和修理；主变压器绝缘油的处理；依据技术监督年度计划完成本年度所要求执行的试验项目。

二、主变压器检修项目

（一）大修项目

（1）绕组、引线装置的检修；

（2）铁芯、铁芯紧固件（穿心螺杆、夹件、拉带、绑带等）、压钉、压板及接地片的检修；

（3）油箱、磁（电）屏蔽及升高座的解体检修；套管检修；

（4）冷却系统的解体检修，包括冷却器、油泵、油流继电器、水泵、压差继电器、风扇、阀门及管道等；

（5）安全保护装置的检修及校验，包括压力释放装置、气体继电器、突变压力继电器、流阀等；

（6）油保护装置的解体检修，包括储油柜、吸湿器、净油器等；

（7）测温装置的校验，包括压力式温度计、电阻温度计（绕组温度计）、棒形温度计等；

（8）操作控制箱的检修和试验；

（9）无励磁分接开关或有载分接开关的检修；

（10）全部阀门和放气塞的检修；

（11）全部密封胶垫的更换；

（12）必要时对器身绝缘进行干燥处理；

（13）变压器油的处理；

（14）清扫油箱并进行喷涂油漆；

（15）检查接地系统；

（16）大修的试验和试运行。

（二）小修项目

（1）处理已发现的缺陷；

（2）放出储油柜积污器中的污油；

（3）检修油位计，包括调整油位；

（4）检修冷却油泵、风扇，必要时清洗冷却器管束；

（5）检修安全保护装置；

（6）检修油保护装置（净油器、吸湿器）；

（7）检修测温装置；

（8）检修调压装置、测量装置及控制箱，并进行调试；

（9）检修全部阀门和放气塞，检查全部密封状态，处理渗漏油；

（10）清扫套管和检查导电接头（包括套管将军帽）；

（11）检查接地系统；

（12）清扫油箱和附件，必要进行补漆；

（13）按有关规程规定进行测量和试验。

三、主变检修作业基本流程

1. 主变压器大修流程简介

主变压器大修步骤描述见图 2-6-1。

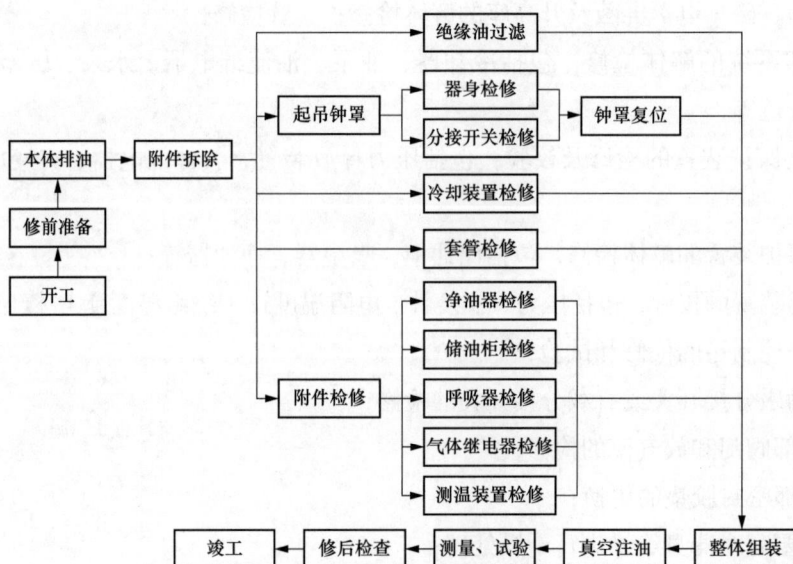

图 2-6-1　主变压器大修步骤图

2. 主变压器大修一般规定

（1）器身检修工作时的环境相对湿度不应超过 75%。

（2）器身暴露在空气中的时间不得超过以下规定：

1）空气相对湿度不大于 65% 时，为 16h；

2）空气相对湿度不大于 75% 时，为 12h；

3）如超出规定时间不大于 4h，则可相应延长抽真空时间来弥补。

（3）拆下来的精密部件应妥善保管，防止挤压、碰撞或丢失，做好防锈的措施，弹簧类零件应检查刚度和形状，不得产生弯曲畸变。

（4）分解时应先拆顶丝、销钉，后拆小轴、螺栓，拆下来的小零件应装回原处或分类包好。

（5）所有零部件回装时都应清洗干净，检查完好后才能回装。

（6）紧固螺栓要对称均匀，应尽量使用力矩扳手进行定量控制，特殊部位的螺丝还应按照图纸要求涂锁定胶。

（7）在检修过程中不应随意改变变压器内部结构和绝缘状况。

（8）由于现场条件限制，500kV 变压器一般不在现场进行吊罩（心）检修。

3. 变压器排油

（1）一般为处理大盖密封，拆、接低压套管内部引线以及处理瓦斯继电器、温度计等，仅需排至大盖以下处即可，但不许将线卷暴露出来。

（2）为进入油箱进行器身检查或吊罩作业时，则需将本体油全部排出。

（3）储油柜油不需放出时，可将储油柜下面的阀门关闭。

（4）排油前需要事先准备好容量足够的油罐。

（5）排油时一般应保持变压器油温不低于室温，以免变压器内部缓霜受潮，必要时可用临时置于变压器下部进行加温或热油循环。

（6）排油一般用油泵进行，油泵的进口管接于变压器排油阀门上，出油管接至排油管上。变压器本体做好补气措施，即可排油。

（7）排油前应清扫油泵进口处的滤过网。排油时应注意变压器内部补气状况，首先打开油枕的排气阀门，根据排油高度，打开大盖上的补气蝶阀。

4. 进箱检查

变压器检修工作人员，应遵循以下注意事项：

（1）禁止带无关的物品（金属件如发夹、纽扣、别针等）进入施工现场，禁止穿带钉的鞋进入变压器内和器身的上部，在器身上部工作时严禁掉入导电物件，防止损伤绝缘。工作器具、试验用导线等应专门登记。

（2）对解体的变压器进行工作或进入内部，应着用白色衣帽或干净的防油服、专用防油鞋，并擦净鞋。

（3）吊罩检查原则上应返厂进行，现场检查应从人孔进入油箱内进行。人孔开启时，需往变压器箱体内充入足量合格的干燥空气（干燥空气露点应低于 -40℃），保证油箱内正压，油箱内相对湿度不得高于 55%。

（4）工作人员进入变压器油箱时，应保证油箱内含氧量不低于 18%。人孔外应有专人监护，在工作人员出油箱之前，监护人员不得离开。

（5）进箱检查应由专人进行，穿着专用的检修工作服和鞋，并戴清洁手套。所有可能散落的小物件，如钥匙、手表等一律不得带入油箱内。内部照明采用 12V 低压行灯或专用手电。

（6）进箱检查所使用的工具应由专人保管并应编号登记。检查人员出油箱时必须逐一核对，坚决杜绝工具遗留在油箱内。

（7）油箱内部照明应采用安全电压的防爆灯具或手电筒。

（8）所有打开过的人孔、手孔的密封件需更换。

5. 装配

（1）装配前应确认所有组、部件均符合技术要求，彻底清理，使外观清洁，无油污和杂物，并用合格的变压器油冲洗与油直接接触的组、部件。

（2）结合本体检修更换所有密封件。

（3）装配时，应按图纸装配，确保各种电气距离符合要求，各组部件装配到位，固定牢靠。同时应保持油箱内部的清洁，防止有杂物掉入油箱内，如有任何东西可能掉入油箱内，都应报告并保证排除。

（4）穿过穿缆套管（中性点套管）的引线应用绝缘白布带包扎，以防裸露引线与套管的导管相碰，分流烧坏引线及导管。

（5）安装穿缆套管时应防止引线扭结，不得过分用力吊拉引线。如引线过长或过短应查明原因后予以处理。

（6）变压器内部的引线不能过分紧，以免运行中由于振动或热胀冷缩拉损。

（7）无用的定位装置，可拆除，以免产生多点接地。

（8）所有连接或紧固处均应用锁母紧固。

（9）装配后，应及时清理工作现场，清洁油箱及各组部件。

6. 绝缘油处理

（1）运行中的变压器油，会被溶解在油中的氧逐渐氧化。因此在检修时，应先检测油的绝缘性能，以确定是否需要对油进行处理。

（2）劣化的变压器油一般通过真空滤油机和特制的吸附板进行再生处理，以脱气、脱水和去除杂质，然后检测其质量指标直至达到技术要求。

（3）检修现场应准备充足的变压器油储存容器，容器应保持清洁，并且能密封。

7. 器身干燥

（1）为保证器身的绝缘性能，对绝缘受潮后的器身应进行干燥处理，如变压器运回制造厂处理，器身需经过气相干燥处理。如在现场处理，一般采用真空热油循环冲洗处理，或真空热油喷淋处理，然后检测器身绝缘性能。

（2）干燥中的温度控制：当利用油箱加热不带油干燥时，箱壁温度不宜超过110℃，箱底温度不宜超过100℃，绕组温度不得超过95℃；带油干燥时，上层油温不得超过85℃；热风干燥时，进风温度不得超过100℃，进风口应设有空气过滤预热器，并注意防止火星进入变压器内。

（3）干燥过程中尚应注意加温均匀，升温速度以10～15℃/h为宜，防止产生局部过热，特别是绕组部分，不应超过其绝缘耐热等级的最高允许温度。

（4）抽真空的要求：变压器采用真空加热干燥时，应先进行预热，并根据制造厂规定的真空值抽真空；以10～15℃/h的速度升温到指定温度，再抽真空。

（5）干燥过程中的控制与记录。

（6）干燥过程中应每2h检查与记录下列内容：绕组的绝缘电阻，绕组、铁芯和油箱等各部温度及真空度，并每隔4h排放一次凝结水，用量杯测量记录。

（8）变压器干燥完毕的器身压紧和检查工作，应防止再次受潮。

8. 注油

（1）注油前，变压器必须进行真空处理，处理前器身温度不宜低于20℃，真空度必须低于0.5Torr并尽量接近0.1Torr，真空保持时间不得少于24h。抽真空时，应监视油箱的变形，一般局部弹性变形不应超过箱壁厚度的2倍。

（2）检修后注入变压器内的变压器油，其质量应符合GB/T 7595《运行中变压器油质量》的规定。

（3）补充不同牌号的变压器油时，应先做混油试验，合格后方可使用。

（4）注油时应采用真空注油。并带储油柜一起真空注油，但应将储油柜本身与胶囊袋、有载分接开关的储油柜连通的隔离阀打开，或用临时联管进行连接后同时抽真空，以免将胶囊袋、有载分接开关的绝缘筒损坏。

（5）在有载分接开关与本体之间最大压差不能超过0.1MPa，即主体抽真空时，开关内不能注油，主体真空注油结束后，有载开关注油时，不能对开关抽真空，以防止叠加压力大于0.1MPa。

（6）真空注油时，变压器进油口油温宜略高于器身温度。

（7）真空注油时，为防止真空泵停用或发生故障时，真空泵润滑油被吸入变压器本体，真空系统应装设逆止阀或缓冲罐。

（8）真空注油时，应尽量避免使用麦氏真空表，以防麦氏表中的水银吸入变压器本体（可采用皮拉尼管进行真空度测量）。

（9）真空注油时，宜采用透明管。应防止管道破损吸入杂物进箱体，应在箱体接口处加装逆止阀等措施。

（10）真空注油过程中，真空度应持续保持在 1Torr 以下，注油速度不得大于 6000l/h。

（11）器身补油也应真空注油，补油时应经储油柜注入，严禁从油箱底部的注油阀注入。

（12）安装完毕后在储油柜内应进行压力 0.05MPa、时间 12h 的密封试验，变压器各部位应无渗漏现象。

（13）注油后，应对变压器油进行真空滤油循环，滤油时滤油机出口油温应不低于 50℃，但不高于 60℃，滤油时间不少于 48h，滤油结束时应取油样进行微水、击穿电压、颗粒度试验，要求微水不大于 10mg/L，击穿电压大于 60kV，颗粒度要求每 100ml 直径大于 5μm 的固体颗粒不超过 2000 个。如达不到需继续滤油，直至达到为止。注油后，应从变压器底部放油阀（塞）采取油样进行化验，化验项目与要求参见附录。

（14）变压器注油时，宜从油箱上部注油阀进油，但注油口与抽真空口高度至少相差 600mm 以上。

（15）真空滤油机、真空泵的架构和变压器各接地点应可靠接地。

（16）注油完毕后，在施加电压前其静置时间不应少于 72h。静置完毕后，应从油箱、升高座、冷却装置、气体继电器等有关部位进行多次排气，并启动油泵，直至残余气体排尽。

9. 更换密封件

（1）新密封件必须表面无龟裂和伤痕，接触橡胶密封的表面要光滑、无锈，无其他杂质，表面必须用甲苯或酒精进行清洗。

（2）紧固时不能一次性紧固，而应以对角位置起，依次一点一点地紧固，四周螺母分 4～5 次紧固，紧固后止视检查密封件是否均匀紧固，法兰间的间隙均匀。

（3）密封件更换必须逐一进行，不可同时在一台变压器上开两个工作面。

10. 补焊

变压器箱体出现渗漏需补焊时，应带油补焊。短时点焊，可直接在箱壁上进行；若补焊面积较大或时间较长，应同时实施真空补焊工艺。

11. 油漆处理

补漆应采用颜色、牌号与原油漆相同的油漆，先清理、打磨受损表面，然后根据受损情况补漆。

12. 储油柜胶囊更换

（1）将主变压器油位排至油枕以下，油枕上的油位计指示为 0，关闭油枕与气体继电器间的蝶阀。

（2）拆除油枕呼吸器与油枕之间的连接管路。

（3）打开油枕侧面进人孔，将胶囊拆出。

（4）检查新的胶囊洁净，联管口无堵塞，密封性能良好（充干燥空气，压力 0.02～0.03MPa，时间 12h 无渗漏）。

（5）将胶囊安装至油枕内，安装好剩余管路，对呼吸器管路进行密封。

（6）打开胶囊与油箱连通的阀门，将胶囊两侧抽真空（可抽至 13Pa）。

（7）将关闭的蝶阀打开，按照注油曲线真空注油至合理油位，注油时浮子不应被胶囊压住而影响油位的正常显示。

（8）关闭胶囊与油箱连通的阀门，拆除呼吸器管路上的堵板，安装呼吸器。

第七节　主变压器试验检测

变压器试验是验证变压器产品性能是否符合有关标准或技术条件的规定和要求，发现变压器结构和制造上是否存在影响变压器正常运行的缺陷。变压器试验分为出厂试验、交接试验和预防性试验。

一、出厂试验

变压器出厂试验分为例行试验、型式试验和特殊试验。

（一）例行试验的项目

（1）绕组直阻测量。

（2）电压比测量和联结组标号检定。

（3）短路阻抗和负载损耗测量。

（4）空载电流和空载损耗测量。

（5）绕组的绝缘电阻测量。

（6）绕组的介质损耗因数测量。

（7）绝缘例行试验。

（8）分接开关试验。

（9）绝缘油试验。

（二）型式试验项目

（1）温升试验。

（2）绝缘型式试验。

（三）特殊试验项目

（1）绝缘特殊试验。

（2）绕组对地和绕组间的电容测定。

（3）暂态电压传输特性测定。

（4）零序阻抗测量。

（5）短路承受能力试验。

（6）声级测定。

（7）空载电流谐波测量。

（8）油泵电动机汲取功率测量。

二、交接试验

主变压器交接试验按照 GB 50150《电气装置安装工程　电气设备交接试验标准》的规定进行，其试验项目为：

（1）变压器油试验。

（2）测量绕组连同套管的直流电阻。

（3）检查所有分接头的电压比。

（4）检查变压器的三相接线组别。

（5）测量铁芯及夹件的绝缘电阻。

（6）非纯瓷套管的试验。

（7）有载调压分接开关的检查和试验。

（8）测量绕组连同套管的绝缘电阻、吸收比或极化指数。

（9）测量绕组连同套管的介质损耗因数与电容量。

（10）变压器绕组变形试验。

（11）绕组连同套管的交流耐压试验。

（12）绕组连同套管的长时感应耐压试验带局部放电测量。

（13）额定电压下的冲击合闸试验。

（14）检查相位。

（15）测量噪声。

三、预防性试验标准项目

主变压器预防性试验按照 Q/GDW 11150《水电站电气设备预防性试验规程》的规定进行，其试验项目为：

（1）油中溶解性气体色谱分析。

（2）绕组直流电阻。

（3）绕组连同套管绝缘电阻、吸收比或极化指数。

（4）绕组连同套管的介质损耗因数（$\tan\delta$）。

（5）套管的 $\tan\delta$ 和电容值。

（6）交流耐压试验。

（7）铁芯及其夹件的绝缘电阻。

（8）铁芯及夹件接地电流。

（9）红外测温。

（10）频率响应分析。

（11）短路阻抗测量。

（12）油流带电试验。

（13）绕组所有分接的电压比。

（14）校核变压器的联接组别。

（15）感应耐压和局部放电量测量。

（16）空载电流和空载损耗。

（17）测温装置及其二次回路试验。

（18）气体继电器及二次回路试验。

（19）速动油压继电器及其二次回路试验。

（20）压力释放阀二次回路试验。

（21）整体密封检查。

（22）冷却装置及其二次回路检查试验。

（23）套管中的电流互感器绝缘试验。

（24）油中糠醛含量。

（25）变压器全电压下冲击合闸。

（26）绝缘纸（板）聚合度。

（27）绝缘纸（板）含水量。

（28）切换开关室绝缘油试验。

（29）直流偏磁水平检查。

（30）声级及振动。

（31）局部放电带电检测。

（32）铁轭夹件、绑扎钢带、铁芯、线圈压环及屏蔽等的绝缘电阻。

（33）绝缘油外状。

（34）色度。

（35）水溶性酸（pH 值）。

（36）酸值。

（37）闪点（闭口）。

（38）水分。

（39）界面张力。

（40）介质损耗因数（90℃）。

（41）击穿电压。

（42）体积电阻率（90℃）。

（43）油中含气量（体积分数）。

（44）油泥与沉淀物（质量分数）。

（45）析气性。

（46）带电倾向。

（47）腐蚀性硫。

（48）颗粒污染度。

（49）抗氧化添加剂含量（质量分数）/ 含抗氧化添加剂油。

（50）二苄基二硫醚（DBDS）含量（质量分数）。

（51）油面温度指示器校验。

（52）绕组温度指示器校验。

第八节　主变压器典型案例及反措

主变压器故障发生的原因一般有内因、外因、内外因共同作用，其中内因一般为：选型不当，设计、工艺和材质，变压器的机械、热、电及密封性能的累积效应；外因一般为：运行工况恶劣（如地震、台风、暴雨、严重污秽、低温或高温等），如频繁操作，短路电流冲击，过电压入侵，过负荷，维护不当等。

一、主变压器故障综合判断方法

根据主变压器运行现场的实际状态，在发生以下情况变化时，需对变压器进行故障诊断。

（1）正常停电状态下进行的交接、检修验收或预防性试验中一项或几项指标超过标准。

（2）运行中出现异常而被迫停电进行检修和试验。

（3）运行中出现其他异常（如出口短路）或发生事故造成停电，但尚未解体（吊心或吊罩）。

当出现上述任何一种情况时，往往要迅速进行有关试验（检验），以确定有无故障、故障的性质、可能位置、大概范围、严重程度、发展趋势及影响波及范围等。

二、典型故障案例分析

2000 年 7 月 5 日，某抽水蓄能电站 × 号主变压器空载运行状态下，重瓦斯保护动作跳闸，主变异常爆裂声，本体漏油。事故原因为设备制造质量问题，本体内部遗留有铁、铜等金属杂质引起主绝缘击穿，暴露出设备制造工艺不良，设备质量不合格，应强设备的全过程监督，安装主变压器在线色谱分析，制定地下厂房火灾预案，对该种类型变压器逐步实施整体更换。

思　考　题

1. 主变压器有哪几种状态，如何判断?
2. 请简述主压器变起火处理过程?
3. 简述气体继电器和压力释放阀的基本动作原理。
4. 主变压器绝缘油每年应检查哪些项目?

第三章 GIS 设备运检

本章概述

　　GIS 设备是抽蓄电站高压电气设备的重要组成部分，一般由 SF_6 气体绝缘封闭金属开关设备等组成，分为地下 GIS 与地面 GIS。地下 GIS 布置在主变压器高压侧，地面 GIS 一般为户内式。GIS 设备满足抽蓄电站电气主接线可靠性、灵活性、经济性三方面的要求。在可靠性上尽可能保证了供电连续性。在灵活性上，接线方案应能方便灵活切换机组、主变等设备，同时为了适应电站较高的自动化程度，要求在事故切换和运行方式改变时全部用断路器完成，基本不用隔离开关来完成倒闸操作。隔离开关只做检修时隔离电源之用。在经济上，在满足可靠性、灵活性的前提下，尽可能做到接线简单、清晰，投资小。一般抽蓄电站的高压电气设备电压等级都为 500kV，本章内容以 500kV GIS 设备做主要介绍。主要包含 GIS 设备巡检、GIS 设备操作、GIS 设备典型事故处理、GIS 设备布置结构及二次原理、GIS 设备日常维护、GIS 设备检修、GIS 设备试验检测、GIS 设备典型案例及反措等 8 部分内容。

学习目标

学习目标	
知识目标	1. 掌握 GIS 设备相关设备定义、术语及通用知识。 2. 掌握 GIS 设备布置、结构及二次原理。 3. 了解 GIS 设备典型案例及反措。
技能目标	1. 掌握 GIS 设备巡检与操作。 2. 掌握 GIS 设备日常维护。 3. 掌握 GIS 设备检修内容。 4. 掌握 GIS 设备试验检测。 5. 了解 GIS 设备典型事故处理。

第一节　GIS设备巡检

一、GIS设备配置

（一）地下GIS配置

地下GIS设备主要包括主变压器高压侧隔离开关及接地开关、电压互感器、电流互感器、避雷器、电缆地下厂房侧接地开关、SF_6电缆连接元件、SF_6监测装置、控制柜等设备。

（二）地面GIS配置

地面GIS设备主要包括500kV开关、隔离开关、接地开关、电压互感器、电流互感器、快速接地开关、避雷器、SF_6空气套管、SF_6电缆连接元件、SF_6监测装置、控制柜等设备。

（三）500kV断路器主要技术参数

500kV断路器主要技术参数包括断路器型式、操作方式、额定电压、额定频率、额定电流、断路器操作顺序、额定短路开断电流、操作分合100%IN次数、寿命分合100%短路电流次数、机械操作寿命、灭弧绝缘介质、操作机构形式等。

（四）500kV电流互感器主要参数

500kV电流互感器主要参数包括变比、精确度、额定容量等。

（五）GIS设备重要定值

GIS设备重要定值包括各气隔最高压力、额定压力、报警压力、闭锁合/分闸压力、防爆膜破裂压力、最低压力等。

二、GIS设备巡检及注意事项

（1）检查断路器、隔离开关、接地开关的位置指示在相应位置。检查现地控制柜报警牌指示试验完好，有无报警指示。

（2）现地控制柜内无异音，检查二次小开关有无偷跳现象，各端子连接完好，检查柜门关闭严密。

（3）检查GIS设备声音正常，无异音，壳体无局部发热现象。支撑架无裂纹、无变形和损坏现象。

（4）检查GIS外壳接地引线完好，无发热情况，无锈蚀现象。

（5）检查GIS各气隔SF_6气体密度检测仪指示在正常位置（绿区），引线完好，各气隔防爆膜无爆裂现象。

（6）检查各闸刀、接地开关现地手动操作箱盖子完好严密，检查闸刀、接地开关操作连杆无变形现象。

（7）检查GIS室通风正常。

（8）检查GIS外壳各连接伸缩节无变形现象。

（9）检查地下 GIS 500kV 电缆避雷器运行无异音，各相泄漏电流值正常。

（10）检查 GIS 与各主变压器高压侧连接套管无变形现象。

注意事项：

工作人员进入 GIS 设备间工作前，应测含氧量及 SF_6 气体浓度，确认安全后方可进入。空气中含氧量不得小于 18%（体积比）；空气中 SF_6 气体浓度不得大于 1000ul/l。

三、GIS 设备运行监视和巡视

（一）运行监视

（1）GIS 设备（包括 GIS 断路器、隔离开关、接地开关、快速接地开关等）状态指示正确，与实际位置一致，并符合相关闭锁要求。

（2）GIS 设备各气室 SF_6 气体压力在规定范围内，无异常报警信息。

（3）GIS 设备相关在线监测装置数据无异常报警信息。

（4）GIS 设备倒闸操作后，监视断路器、隔离开关、接地开关、快速接地开关等设备是否动作正常，出现异常情况时应做好相关信息记录。

（二）运行巡视

升压站设备的日常巡视检查应根据实际情况确定其周期。但对于以下特殊情况应进行特殊巡视检查，增加巡视检查次数。

（1）新设备或经过检修、改造的设备在投运 72h 以内。

（2）有严重缺陷时。

（3）气象突变（如大风、大雾、大雪、冰雹、寒潮等）时。

（4）雷雨季节特别是雷雨后。

（5）高温季节、高峰负载期间。

第二节 GIS 设备操作

一、GIS 设备操作原则

以 500kV 开关为例：

（1）500kV 开关设备原则上采用远方操作，但无论采取何种操作方式，都应现地检查开关设备的三相实际位置。

（2）500kV 设备之间设有电气闭锁，只有在满足电气闭锁的情况下才能实现操作，即只有在开关拉开时，隔离开关才能进行分合操作；只有隔离开关拉开时，接地开关才能合上；只有当 500kV 电缆两侧的隔离开关拉开后，才能合上快速接地开关，再合上地下侧接地开关。

（3）利用 500kV 开关对主变进行冲击合闸时，应先合上 500kV 侧开关，再合上主变压器低压侧开关，以避免对系统的冲击。

（4）500kV 线路及电缆线设有具有灭弧能力的 GIS 快速接地开关，当 500kV 电缆或线路检修时，为了消除运行线路对停电线路所产生的感应电压和残余电荷，应在开关改冷备用的情况下，先合上快速接地开关。同时 500kV 接地开关、快速接地开关在正常情况下应处于分闸且锁上位置。

二、GIS 设备运行方式

根据 500kV 开关的具体位置，分为全接线、单线和分段运行方式。

（一）全接线运行

500kV 所有开关均在合闸位置，500kV 系统合环运行，全厂出力通过两回线路送至相应的变电站。此运行方式能满足在发生任何故障时，切断容量不超过全厂总装机容量的 2/3（不完全单母分段接线）或 1/2（三角形接线）的负荷，且每回线路均能输出全厂的总容量，500kV 线路上没有穿越功率。

（二）单线路运行

当一回线路因故退出运行时，全厂出力通过另一回线路送至相应的变电站。

（三）分段运行

对于不完全单母分段接线方式，根据 500kV 分段开关的具体位置，将 500kV 系统分为两部分，全厂出力通过独自的两回线路送至相应的变电站，即 500kV 系统解列运行。

三、GIS 设备操作要求

（1）掌握倒闸操作顺序及原因，例如：停电拉闸操作应按照断路器（开关）—负荷侧隔离开关—电源侧隔离开关的顺序依次进行（送电合闸操作应按与上述相反的顺序进行）；禁止带负荷拉 / 合隔离开关；变压器停电应先断开低压侧开关再断开高压侧开关；线路停电操作按照线路负荷侧开关—电源侧开关，以及开关—线路侧隔离开关—母线侧隔离开关顺序进行；先断开检修设备各侧开关再拉开各开关两侧隔离开关；先停一次设备，后停保护；设备停电检修时倒闸操作顺序为运行—热备用—冷备用—检修等。

（2）能独立拟写升压站设备倒闸操作票。例如：开关从运行改为热备用、开关从热备用改为冷备用、开关从冷备用改为检修、母线从冷备用改为检修、线路从冷备用改为检修、电缆线从冷备用改为检修。

（3）掌握升压站线路、单元停 / 复役操作顺序；熟悉调度规程及典型操作中升压站一次设备、电气保护、主变压器操作的相关要求；熟悉升压站设备间的闭锁关系，例如开关、隔离开关、接地开关（检修接地开关、快速接地开关）间的闭锁关系；了解倒闸操作过程中与对侧变电站操作配合；例如线路两侧停送电顺序。

（4）熟悉倒闸操作中可能出现的问题、原因及处置方法，例如开关操作失败、开关故障、开关非全相、感应电压高、操作过电压等；熟悉 GIS 感应电压、继电保护对开关同期合闸的影响。

四、GIS 设备隔离要点

运维人员应掌握设备停电、验电、接地、标示牌及围栏等相关设备检修技术措施要求。例如停电隔离点概念：检修设备所有可能来电侧均应有明显断开点，应拉开闸刀，上述作为隔离点的闸刀设备应拉开控制操作电源并上锁，以防止误送电；与检修设备有关的变压器及电压互感器各侧应断开，以防止反送电。隔离点设备不能作为检修工作内容，若隔离点设备需要检修，则必须扩大隔离范围。

五、GIS 设备操作注意事项

（1）调度管辖设备的操作必须得到调度的指令或许可。

（2）避免在交接班、电网负荷高峰、电站机组运行等情况下进行倒闸操作。

（3）操作前核对设备状态、位置、设备名称及编号，严格执行唱票复诵制度。

（4）断路器、隔离开关、接地开关操作后必须现地检查设备三相实际位置。

（5）掌握操作预令与正式操作指令的区别。

（6）在正常倒闸操作过程中严禁使用解锁钥匙跨闭锁解锁。

（7）GIS 设备类电气闭锁装置禁止随意解锁或者停用。正常运行时，汇控柜内的闭锁控制钥匙应严格按照国家电网有限公司电力安全工作规程规定保管使用。

（8）GIS 设备类操作前后，无法直接观察设备位置的，应按照安规的规定通过间接方法判断设备位置。

（9）GIS 设备类无法进行直接验电的部分，可以按照电力安全工作规程的规定进行间接验电。

（10）进行倒闸操作后，应对高压电缆护层保护器动作进行检查并记录动作次数。

六、500kV 母线充电操作注意事项

（1）母线充电等 500kV 设备电气操作必须在调度正式发布"操作指令"或"操作许可"后方可执行（正式的操作指令包括发令人、发令时间、操作项目）。500kV 设备操作应尽量避免在系统负荷高峰时期或电厂线路大潮流的情况下进行。

（2）母线充电操作利用 500kV 开关进行，在未经批准或在试验情况下均不得利用闸刀进行充电操作。

（3）在母线充电时，充电开关必须有针对各种故障的速断保护（待充电的母线差动保护至少有一组应投入跳闸）。

（4）若利用变压器向母线进行充电，变压器中性点必须接地。

七、500kV 合环操作注意事项

（1）在合环操作过程中应考虑母线充电操作注意事项。

（2）合环操作可以利用母线开关和线路开关进行。

（3）合环操作必须在同期装置完好的情况下进行。

（4）应考虑 500kV GIS 感应电压对合环同期的影响。

第三节　GIS 设备典型事故处理

GIS 设备常见故障有机械故障（机构拒分拒合，不储能等）、内部绝缘故障（绝缘击穿、闪络；有异响）、气体泄漏（密封面、焊缝、砂眼）等。

一、断路器机械故障处置原则

（1）检查分、合闸指示器标识是否存在脱落变形，操动机构机械传动部分是否变形、脱落。

（2）结合运行方式和操作命令，检查监控系统变位、保护装置、遥测、遥信等信息确认设备实际位置，必要时联系运维人员处理。

二、内部绝缘故障处置原则：

（1）检查现场故障情况（保护动作情况、现场运行方式、故障设备外观等），汇报值班调控人员。

（2）根据值班调控人员指令隔离故障 GIS 设备，将其他非故障设备恢复运行，联系运维人员处理。

三、严重气体泄漏故障处置原则

（1）检查 SF_6 密度继电器（压力表）指示是否正常，气体管路阀门是否正确开启。

（2）严寒地区检查断路器本体保温措施是否完好。

（3）若 SF_6 气体压力降至告警值，但未降至压力闭锁值，联系运维人员，在保证安全的前提下进行补气，必要时对断路器本体及管路进行检漏。

（4）若运行中 SF_6 气体压力降至闭锁值以下，立即汇报值班调控人员，断开断路器操作电源，按照值班调控人员指令隔离该断路器。

（5）检查人员应按规定使用防护用品；若需进入室内，应开启所有排风机进行强制排风 15min，并用检漏仪测量 SF_6 气体合格，用仪器检测含氧量合格；室外应从上风侧接近断路器进行检查。

四、轻微气体泄漏故障处置原则

（1）现场检查 SF_6 压力表外观是否完好，所接气体管道阀门是否处于打开位置。

（2）监控系统发出气体压力低告警或闭锁信号，但现场检查 SF_6 压力表指示正常，判断为误发信号，联系运维人员处理。

（3）若 SF_6 压力确已降低至告警值，但未降至闭锁值，联系运维人员处理。

（4）补气后，检查 SF_6 各管道阀门的开闭位置是否正确，并跟踪监视 SF_6 压力变化情况。

（5）若 SF$_6$ 压力确已降到闭锁操作压力值或直接降至零值，应立即断开操作电源，锁定操动机构，并立即汇报值班调控人员申请将故障 GIS 设备隔离。

五、GIS 设备轻微漏气检查措施

（1）漏气判定：当 GIS 气室压力存在一个持续下降的趋势或突然地较快下降时，一般判断为气室漏气。

（2）漏气检查：可使用 SF$_6$ 检漏仪器进行该气室各密封面、焊缝、铸件表面处的漏气点查找工作。

（3）注意事项：

1）检漏前先观察相临气室气压是否有上升现象（判断是否内漏）；

2）如果断路器气室内的压力降到闭锁压力，则电动操作失效；

3）是否属于个别密度继电器的补偿误差较大原因（阳光直射）；

4）进行外壳检漏工作时需务必保证与外露的带电导体间保持 110kV GIS 不小于 1.5m，220kV GIS 不小于 3m，550kV GIS 不小于 5m 的安全距离。

六、GIS 设备轻微漏气原因分析及处理原则

（1）元件本体漏气：密控器、截止阀、在线检测模块等。

处理原则：更换漏气的元件，部分元件可带电更换（如密控器），部分元件需停电后施工（如壳体截止阀）。

（2）焊缝漏气：设备安装后在长期充气内压的作用下，焊缝处的焊接缺陷点鼓开造成漏气，特别是户外工程环境恶劣，会将一些焊接缺陷点通过表皮腐蚀暴露出来。

处理原则：铆冲处理：方便快捷，修复性差。补焊处理：操作性好，修复性好。更换外壳处理：操作复杂，修复性好。

（3）密封结构处漏气：包含密封面划伤、密封圈划伤、密封面有异物、未按工艺对角紧固螺栓、雨水侵入造成密封面腐蚀等。该类缺陷大都属于人为原因造成，只要装配时精心，严格执行工艺要求，很多漏气缺陷可以避免。

处理原则：①解体处理，彻底修复；②临时性延缓漏气。

七、开关合闸失灵

（一）现象

开关一相或三相无法合闸，监控系统有相应报警信号。

（二）处理

除应执行油压、SF$_6$ 压力等故障处理措施外，还应检查以下内容：

（1）开关分 / 合闸操作的监控系统预条件是否满足。

（2）检查保护相应压板是否投入。

（3）500kV 开关改为热备用后，500kV 开关两侧母线感应电压若大于 100kV，将造成 500kV 开关无法改运行，此情况一般是发生在相邻的两个 500kV 开关为冷备用状态，同时开关仅一侧有电压。当发生此情况时，可将该感应电压大小为 100kV 的母线延长，即将该两开关先改为热备用状态或先将 500kV 电缆改为运行后，再将该两开关改为运行。

八、开关三相不一致动作

（一）现象

（1）开关三相的状态不一致，现地控制盘相应光字标牌掉牌。

（2）监控系统有相关报警信号，同时再跳开关三相（硬布线）。

（二）处理

（1）立即赴现地检查开关三相位置是否确已跳开，检查开关、线路、母线等设备是否正常；同时应检查线路保护等是否正常动作，并检查其重合闸装置是否动作，检查并分析其录波情况。

（2）若开关是在运行状态或分闸操作时发生"三相不一致"而跳闸，应在确认三相确已跳开后立即拉开开关控制电源，查找控制回路及线路、母线开关等设备是否正常。

（3）若开关是在合闸操作时发生"非全相运行"而跳闸，应在确认三相确已跳开后，重新合闸一次；若仍不正常，则应将该开关三相跳开并拉开该开关控制电源。

（4）当发生"三相不一致"故障时，若需合该开关或复归标牌信号，必须首先按复归按钮。

第四节　GIS 设备布置、结构及二次原理

一、GIS 设备常规组成元件和布置情况

（一）GIS

GIS 设备包括断路器、隔离开关、接地开关、电压互感器、电流互感器、避雷器、母线、电缆终端、进出线套管等。

（二）SF_6 气体

GIS 通常使用的绝缘气体为 SF_6。SF_6 是一种无色、无味、无毒、不燃烧、化学惰性的中性气体，比空气重 5 倍，具有良好的绝缘性能和灭弧能力，其中绝缘性能为空气的 2.5 倍。SF_6 在封闭环境下有很强的再生能力，故能循环使用。

（三）SF_6 断路器

断路器每相均是单压压气式双断口灭弧室。灭弧室中有相互独立的主触头和弧触头。开断短路电流时，自能式灭弧室利用电弧的热能产生熄灭电弧的气流。

断路器开断后，触头间间隙绝缘能力的恢复是电弧熄灭的重要因素，间隙中带电粒子的多少决定了绝缘能力的大小。当触头分开产生电弧后，带电粒子主要是热游离和碰撞游离产

生的，由于 SF_6 气体是负电性的气体，而且体积比较大，对电子捕获较易，并能吸收其能量生成低活性的稳定负离子，其自由行程短，使间隙间难以再产生碰撞游离，大大减少了间隙中的带电粒子。因此，在一个大气压下，SF_6 气体的绝缘能力超过空气的两倍，在三个大气压下，其绝缘能力和变压器油相当。

每相断路器配备一台独立的液压弹簧操作机构。该机构包括液压驱动系统和高强度碟形弹簧储能系统。碟形弹簧利用液压泵储能，提供液压驱动系统所需的能量。液压系统驱动断路器触头分合闸。液压系统是完全封闭的油路。

（四）SF_6 断路器灭弧室分闸过程

SF_6 断路器灭弧室分闸过程如图 3-4-1 所示。

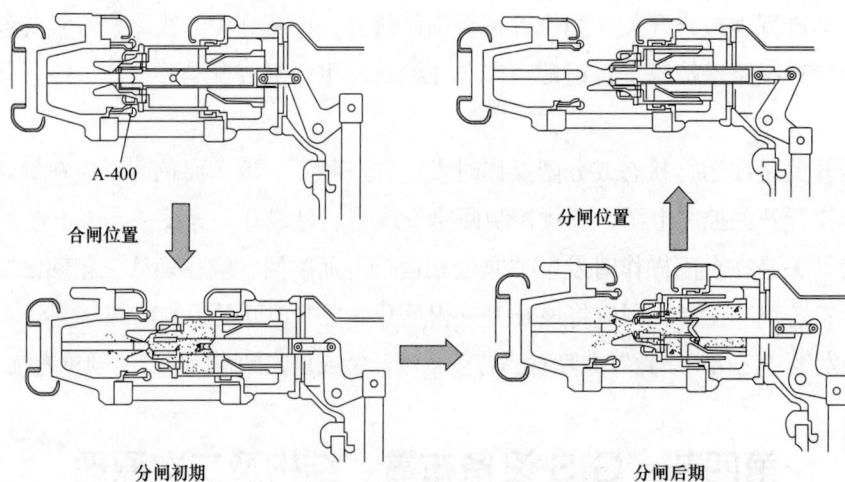

图 3-4-1　SF_6 断路器灭弧室分闸过程

（五）500kV 接地开关

检修接地开关与 GIS 套管外壳（即接地）连接处有绝缘层，拆开专门的接地连接片后能与 GIS 套管外壳隔离，可通过检修接地开关向 GIS 送试验电源。

检修接地开关一般和隔离开关组合使用，主要起到回路接地、保证维护人员安全的作用。

快速接地开关是一种可以释放平行线路之间的电磁感应电流、线路电容电流，并能开合一定的短路电流的高压设备。另外当线路发生单相接地时，在故障相两侧断路器跳开后，快速接地开关合上能使潜供电弧提供的潜供电流以及灭弧后的恢复电压降低，使重合闸成功。

每回 500kV 高压电缆均设有具有灭弧能力的 GIS 快速接地开关；当 500kV 电缆或线路改检修时，应在电缆或线路改冷备用后，再合上快速接地开关，以消除运行高压电缆对停电高压电缆所产生的感应电压和残余电荷。

（六）绝缘盆

不透气绝缘盆将相邻气室相互隔离。透气绝缘盆通过以放射状排列的开口将相邻开关设备模块的空间相连。对于 500kV GIS 来说，它分为若干个气隔，每个气隔除了相互连接的导体外，它完全是封闭的。相互之间的气隔是由盆式绝缘子分隔，这对于 GIS 的维护是相当重要，也是非常方便的。

每个气隔均充有 SF_6 气体，为保证气隔内的绝缘水平，每个气隔内安装有监视 SF_6 气体密度的密度监视器。气隔内 SF_6 气体密度与密度监视器内的参考腔的 SF_6 气体密度相比较，由于处于同一温度下，可以用压力来代表密度进行比较。

压力比较通过将参考腔与气隔分开的金属波纹管，波纹管带动连杆动作微动开关。在密度监视器上还有一外部可视的显示器（红、绿区），通过观察指针所处的位置，可以判断气隔内的 SF_6 压力。当漏气而使密度下降到一定水平时微动开关动作即闭锁相应气隔的断路器的操作。

（七）避雷器

避雷器是一种能释放雷电或兼能释放电力系统操作过电压能量，保护电工设备免受瞬时过电压危害，又能截断续流，不致引起系统接地短路的电器装置。连接在导线和地之间的一种防止雷击的设备，通常与被保护设备并联。避雷器可以有效地保护电力设备，一旦出现不正常电压，避雷器产生作用，起到保护作用，当电压值正常后，避雷器又迅速恢复原状，以保证系统正常供电。伴随着冲击性过电压的发生，冲击电流通过了避雷器。这使得避雷器内部要素及各部位不致产生电气闪络或击穿破坏，能在规定大小的冲击电流下在规定次数内反复通电。

（八）电压互感器

电压互感器是电力系统中非常重要的设备，主要用于将高压电网的电压变化转换为低压的测量信号，供测量、保护和控制装置使用。电压互感器结构如图 3-4-2 所示。

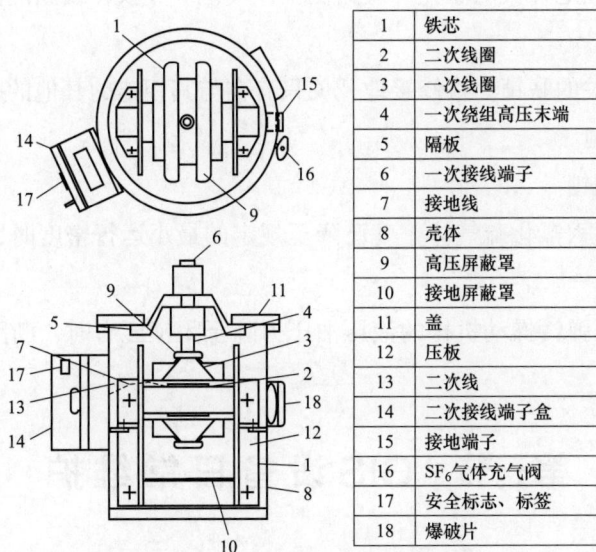

1	铁芯
2	二次线圈
3	一次线圈
4	一次绕组高压末端
5	隔板
6	一次接线端子
7	接地线
8	壳体
9	高压屏蔽罩
10	接地屏蔽罩
11	盖
12	压板
13	二次线
14	二次接线端子盒
15	接地端子
16	SF_6 气体充气阀
17	安全标志、标签
18	爆破片

图 3-4-2　电压互感器结构

（九）电流互感器

电流互感器为环形铁芯贯穿式结构，一次回路导体穿过二次线圈的环形铁芯，基本工作原理是利用电磁感应原理，将一次侧高电流信号传递到二次侧，并转换为标准的低电流信号。

（十）SF_6 密度继电器

密度继电器用于测定气室内 SF_6 的气体密度，并与封闭的参考气室中的气体密度相比较。如果气室内的气体密度下降到设定值（警告、报警、止动）之下，则相互独立微动开关触头闭合。

压力比较是通过金属波纹管进行的，它将气室内的 SF_6 与参考气室分隔开。由于压差引起的波纹管的移动通过一个驱动杆触动微动开关，使微动开关上不同的触点产生动作。

操作杆的动作通过仪表指针的运动而被显示出来，这样从外部就可以清楚地观察。只要指针停留在绿色刻度范围之内，则说明气体密度适当。指针在红色与绿色区域之间的切换点就是最低的开关点（报警）。

（十一）开关闸刀闭锁逻辑

（1）对主回路。

1）隔离开关处于分闸状态时，确保不自合；

2）接地开关处于合闸状态时，确保不自分。

（2）隔离开关操作的联锁。隔离开关防止带负荷操作，任何引起关合或开断的负荷电流的操作都被禁止。只有在断路器断开后才允许相关隔离开关的分、合。

（3）电缆快速接地开关的联锁。快速接地开关的操作，只有在两侧隔离开关都处于打开的情况下才允许合闸，而这些隔离开关也只有在快速接地开关是拉开的情况下才允许合上，只有快速接地开关合上，才允许检修接地开关的分、合操作。

（4）线路侧快速接地开关的联锁。线路侧快速接地开关仅在线路隔离开关分闸的情况下才允许合闸。

（5）检修接地开关的联锁。检修接地开关只有在与其相连的其他的电气设备完全与电力系统隔离后才允许合闸。

（6）SF_6 低压力闭锁。

1）当各气室内的六氟化硫气体密度已降至规定的最小运行密度时，应发出报警，并实现闭锁相应操作；

2）当断路器液压弹簧操动机构的液压油压力降至闭锁压力时，断路器应实现闭锁，并发出闭锁信号。

第五节　GIS 设备日常维护

一、点检

点检主要是设备主人在设备不退出备用情况下对其设备进行详细深入的专业巡视检查和

分析工作，每周进行 1～2 次。

二、定检

定检主要是结合机组月度停役计划执行的维护、缺陷处理及定期试验工作，每月进行 1–2 次。

三、检修

（一）安全措施及注意事项

（1）一般注意事项。

1）在 GIS 室开展检修工作，若是需排 SF_6 气体的工作，工作前必须检测 SF_6 浓度及空气氧气含量。在工作过程中，现场必须有监视 SF_6 浓度且超标时能报警的设备。

2）在使用化学物品和易燃易爆品时必须严格遵守相关规定，同时通知消防监督人员到场。

3）所有电气设备的金属外壳均有良好的接地装置，工作中不准对其进行任何工作或者拆除接地装置。

4）检修用的电源必须从规定的检修电源柜引取，不得用搭线方式引临时电源。各电源线均应有可靠的绝缘和防爆性能，横过各通道的电线，应有防被轧断的措施。所有临时电线在每日检修工作结束后应立即拆除，若工作需要在收工时仍保持临时电源供电的，应做好安全措施，悬挂有关警告牌，并通知运行人员。

5）在检修工作结束，办理工作终结手续前，工作负责人应认真核对各设备的状态，做到恢复到开工前运行交付的状态。

（2）SF_6 新气储存及使用的安全措施。

1）SF_6 气瓶应储存在阴凉并通风良好的库房中，直立放置。气瓶严禁靠近易燃、油污地点。

2）新气使用前应进行检验，符合标准后方可使用。

（3）GIS 解体检查时的安全技术措施。

1）在对 GIS 解体检查前，必须执行工作票制度，必须在确定被解体部分完全处于停电状态，并进行可靠的工作接地后，方可进行解体检查。

2）在进行 GIS 解体检查前，若有必要且条件许可时，可取气样做生物毒性试验，以及做气相色谱分析和可水解氟化物的测定。

3）在进行 GIS 解体检查前，应用专用导管进行气体回收及抽真空，操作时人必须站在上风方位。

4）工作人员必须穿防护服、戴手套以及戴备有氧呼吸的防毒面具，做好防护措施。封盖打开后，人员暂时撤离现场 30min，让残留 SF_6 气体及其气态分解物经室内通风系统排至室外，然后才准进入作业现场。

5）在进行 GIS 解体检查前，应确认临近气室没有向待修气室漏气现象。分解设备时，必须先用真空吸尘器吸除零部件上的固态分解物，然后才能用无水乙醇或丙酮清洗金属零部件及绝缘零部件。

6）检查结束后工作人员应立即清洗手、脸及人体外露部分。

7）下列物品应做毒废物处理：真空吸尘器的过滤器及清洗袋、防毒面具的过滤器、全部抹布及纸、断路器或故障气室的吸附剂、气体回收装置中使用过的吸附剂。严重污染的防护服也被视为有毒废物。处理方法：所有上述物品不能在现场加热或焚烧，必须用 20% 浓度的氢氧化钠溶液浸泡 10h 以上，然后装入塑料袋深埋。

8）防毒面具、塑料手套、橡皮靴及其他防护用品必须用肥皂水洗涤后晾干，并应定期进行检查测试，使其经常处于备用状态。

（4）GIS 发生故障有毒气体外逸时的安全技术措施。

1）当 GIS 发生故障有毒气体外逸时，全体人员应立即迅速撤离现场，并立即投入全部通风设备。

2）事故发生 15min 内，只准抢救人员进入室内。4h 内任何人员进入室内都必须穿防护衣，戴手套及防毒面具。4h 后进入室内虽可不用上述措施，但清扫设备时必须采用上述安全措施。

3）若故障发生时有人被外逸气体侵袭，应立即送医院诊治。

第六节　GIS 设 备 检 修

一、修试业务

（一）A 级检修

A 级检修标准项目的主要内容：制造厂要求的项目；全面解体、定期检查、清扫、测量、调整和修理；定期监测、试验、校验和鉴定；按规定需要定期更换零部件的项目；按各项技术监督规定检查和预防性试验项目。

（二）C 级检修

C 级检修标准项目的主要内容：制造厂要求的项目；重点清扫、检查和处理易损、易磨部件，必要时进行实测和试验；按各项技术监督规定检查和预防性试验项目。

（三）检修周期

（1）基准周期：110（66）kV 至 550kV 设备 3 年。

（2）可依据设备状态、地域环境、电网结构等特点，在基准周期的基础上酌情延长或缩短检修周期，调整后的检修周期一般不小于 1 年，也不大于基准周期的 2 倍。

（3）对于未开展带电检测设备，检修周期不大于基准周期的 1.4 倍；未开展带电检测老旧设备（大于 20 年运龄），检修周期不大于基准周期。

（4）110（66）kV 及以上新设备投运满 1 至 2 年，以及连续停运 6 个月以上重新投运前的设备，应进行检修。

（5）现场备用设备应视同运行设备进行检修，备用设备投运前应进行检修。

（6）有下列情形之一的设备，需提前或尽快安排检修：

1）巡检中发现有异常，此异常可能是重大质量隐患所致。

2）带电检测（如有）显示设备状态不良。

3）以往的例行试验有朝着注意值或警示值方向发展的明显趋势；或者接近注意值或警示值。

4）存在重大家族缺陷。

5）经受了较为严重不良工况，不进行试验无法确定其是否对设备状态有实质性损害。

6）如初步判定设备继续运行有风险，情况严重时，应尽快退出运行，进行检修。

（7）符合以下各项条件的设备，检修可以在周期调整后的基础上最多延迟 1 个年度：

1）巡视中未见可能危及该设备安全运行的任何异常。

2）带电检测（如有）显示设备状态良好。

3）上次试验与其前次（或交接）试验结果相比无明显差异。

4）没有任何可能危及设备安全运行的家族缺陷。

5）上次检修以来，没有经受严重的不良工况。

二、主要部件检查

（一）断路器操作机构检查

（1）检查断路器操作机构箱密封良好、无积尘。

（2）检查断路器分合闸位置指示正确。

（3）检查断路器操作机构箱辅助开关连杆锁定螺丝应紧固、无松脱。

（4）检查断路器操作机构各连线端子紧固无松动。

（5）检查断路器分合闸线圈紧固无松动。

（6）检查断路器操作油回路及各液压元件密封良好、无渗油。

（7）检查断路器操作机构内弹簧应完好、无裂纹、润滑良好。

（8）检查断路器操作机构内电动机及其电刷、整流子运行良好、无损蚀。

（二）隔离开关、接地开关操作机构检查

（1）检查操作机构箱密封良好、无积尘。

（2）检查分合闸位置指示正确。

（3）检查操作机构箱内齿轮片无窜动或摆动现象，片与片之间的咬合及伞形齿轮的咬合在运转时应自如，无停顿或过紧现象。

（4）检查辅助切换开关的接线螺丝紧固、无松脱、滑牙，且闸刀操作时辅助开关应可靠地快速切换到正确位置。

（5）检查操作机构箱内所有轴、销、锁扣应完好，且润滑良好。

（6）检查操作机构箱内各部件、支架的固定螺栓应完好，无松脱。

（7）检查操作正常，马达运转无异常。

（8）检查加热器工作正常。

第七节 GIS设备试验检测

GIS设备试验是验证GIS设备产品性能是否符合有关标准或技术条件的规定和要求，发现GIS设备结构和制造上是否存在影响GIS设备正常运行的缺陷。GIS设备试验分为出厂试验、交接试验和预防性试验。

一、出厂试验

（1）出厂试验：根据标准和产品技术条件规定的试验项目，每种设备出厂前都必须进行出厂试验，目的在于检查设计、工艺、制造的质量。

GIS开关、闸刀、接地开关、母线出厂试验项目：

1）外形尺寸和外观质量的检查；

2）合闸分闸时间测量；

3）主回路工频耐压试验及局部放电试验；

4）辅助和控制回路的耐压试验；

5）主回路电阻的测量；

6）机械操作试验。

避雷器出厂试验项目：

1）测量金属氧化物避雷器及基座绝缘电阻；

2）测量金属氧化物避雷器的工频参考电压和持续电流；

3）测量金属氧化物避雷器直流参考电压和0.75倍直流参考电压下的泄漏电流；

4）检查放电计数器动作情况及监视电流表指示。

其中，第2）、3）两款可选做一项。

（2）型式试验：根据标准和产品技术条件规定的试验项目，在一台具有代表性的设备上进行型式试验，对产品结构作鉴定试验，目的在于检查结构性能是否符合标准和产品技术条件。

（3）特殊试验。根据产品使用或结构特点，在出厂试验项目和型式试验项目外可能会另行增加一些特殊试验项目。具体的试验项目往往由制造厂和用户协商确定。

二、交接试验

GIS 设备交接试验按照 GB 50150《电气装置安装工程　电气设备交接试验标准》的规定进行，其试验项目为：

1. GIS 闸刀及接地开关试验项目

（1）外形尺寸和外观质量的检查；

（2）合闸分闸时间测量；

（3）主回路工频耐压试验及局部放电试验；

（4）辅助和控制回路的耐压试验；

（5）主回路电阻的测量；

（6）机械操作试验。

2. GIS 断路器试验项目

（1）测量绝缘电阻；

（2）测量每相导电回路的电阻；

（3）交流耐压试验；

（4）断路器均压电容器的试验；

（5）测量断路器的分、合闸时间；

（6）测量断路器的分、合闸速度；

（7）测量断路器主、辅触头分、合闸的同期性及配合时间；

（8）测量断路器合闸电阻的投入时间及电阻值；

（9）测量断路器分、合闸线圈绝缘电阻及直流电阻；

（10）断路器操动机构的试验；

（11）套管式电流互感器的试验；

（12）测量断路器内 SF_6 气体的含水量；

（13）密封性试验；

（14）气体密度继电器、压力表和压力动作阀的检查。

3. 避雷器试验项目：

（1）测量金属氧化物避雷器及基座绝缘电阻；

（2）测量金属氧化物避雷器的工频参考电压和持续电流；

（3）测量金属氧化物避雷器直流参考电压和 0.75 倍直流参考电压下的泄漏电流；

（4）检查放电计数器动作情况及监视电流表指示；

（5）工频放电电压试验。

三、预防性试验

GIS 设备预防性试验按照 Q/GDW 11150《水电站电气设备预防性试验规程》的规定进

行，其试验项目为：

1. 500kV GIS 试验

（1）断路器触头磨损量试验。

（2）主回路电阻测量。

（3）辅助回路和控制回路绝缘电阻。

（4）辅助回路和控制回路交流耐压试验。

（5）局部放电带电测试（110kV 以上罐式断路器、GIS）。

（6）耐压试验。

（7）断路器电容器的绝缘电阻、电容量和介质损耗因数。

（8）合闸电阻值和合闸电阻的投入时间。

（9）断路器的时间参量。

（10）断路器的分合闸速度特性。

（11）触头行程曲线及分、合闸线圈电流波形。

（12）SF_6 气体的湿度检测（20℃体积分数）。

（13）SF_6 气体泄漏试验。

（14）SF_6 气体成分分析。

（15）SF_6 气体密度继电器校验及压力表检查。

（16）GIS 中的互感器和避雷器试验。

（17）红外热成像检测。

第八节　GIS 设备典型案例及反措

一、机械故障

某电站利用 500kV 断路器对主变充电时，B 相无法合闸，开关三相不一致保护动作。

事故原因：该断路器分闸线圈顶杆在分闸过程中没有完全分到位，使开关在合闸过程中，合闸高压油部分通过分闸油回路到分闸腔，使分闸腔中有油压，造成开关合闸不到位。

断路器机械故障相关重点反事故措施：

（1）GIS 设备大修时，应检查断路器液压机构分、合闸阀的阀针是否松动或变形，防止由于阀针松动或变形造成断路器拒动。（引自《国网水电厂重大反事故措施》条款 12.1.6）

（2）断路器液压机构应具有防止失压后慢分慢合的机械装置。液压机构验收、检修时应对机构防慢分慢合装置的可靠性进行试验。（引自《国网公司十八项重大反事故措施》条款 12.1.1.10）

（3）当断路器液压机构突然失压时应申请停电隔离处理。在设备停电前，禁止人为启动

油泵，防止断路器慢分。（引自《国网公司十八项重大反事故措施》条款 12.1.3.1）

（4）定期检查分合闸缓冲器，同时应加强监视分合闸指示器与绝缘拉杆相连的运动部件相对位置有无变化，或定期进行合、分闸行程曲线测试。（引自《交流高压开关设备技术监督导则》（Q/GDW 11074）条款 5.93）

二、严重气体泄漏故障

某抽水蓄能电站 500kV GIS 运行过程中发生顶部防爆膜破裂故障，造成 SF$_6$ 气体大量泄漏，500kV GIS 设备紧急停运。

事故原因：将防爆膜碎片拼整后，发现防爆膜压力等级不符合要求，厂家确认该气室防爆膜选型错误。

严重气体泄漏故障相关重点反事故措施：

装配前应检查并确认防爆膜是否受外力损伤，装配时应保证防爆膜泄压方向正确、定位准确，防爆膜泄压挡板的结构和方向应避免在运行中积水、结冰、误碰。防爆膜喷口不应朝向巡视通道。（引自《国网公司十八项重大反事故措施》条款 12.2.1.16）

三、轻微气体泄漏故障

某抽水蓄能电站地面 GIS 出线套管气室的吸附剂端盖螺栓处有漏气现象。

事故原因：该相套管气室的吸附剂法兰接面处密封圈老化导致密封不严轻微漏气。

轻微气体泄漏故障相关重点反事故措施：

（1）GIS 穿墙壳体与墙体间应采取防护措施，穿墙部位采用非腐蚀性、非导磁性材料进行封堵，墙外侧做好防水措施。（引自《国网公司十八项重大反事故措施》条款 12.2.2.6）

（2）生产厂家应对 GIS 及罐式断路器罐体焊缝进行无损探伤检测，保证罐体焊缝 100% 合格。（引自《国网公司十八项重大反事故措施》条款 12.2.1.5）

（3）户外 GIS 法兰对接面宜采用双密封，并在法兰接缝、安装螺孔、跨接片接触面周边、法兰对接面注胶孔、盆式绝缘子浇注孔等部位涂防水胶。（引自《国网公司十八项重大反事故措施》条款 12.2.1.6）

（4）三相分箱的 GIS 母线及断路器气室，禁止采用管路连接。独立气室应安装单独的密度继电器，密度继电器表计应朝向巡视通道。（引自《国网公司十八项重大反事故措施》条款 12.2.1.2.3）

思　考　题

1. 简述 500kV 闸刀的分闸条件。

2. 简述 500kV 设置快速接地开关的原因。

3. 简述 GIS 设备的常见故障类型。

4. 简述 GIS 设备严重漏气与轻微漏气的处置原则。

第四章　高压电缆运检

本章概述

本章介绍高压电缆运行、维护等方面的内容，主要由高压电缆巡检、操作、典型事故处理、日常维护等部分组成。

学习目标

	学习目标
知识目标	1. 能熟悉掌握高压电缆运行、检修、试验的全部内容。 2. 能够独立分析处理高压电缆相关故障。 3. 能够掌握设备相关反措要求。

第一节　高压电缆巡检

一、日常巡检

巡视检查应按规定的内容和路线进行，主要内容是检查电缆本体及其附件外观无破损、裂纹，无明显放电痕迹、异味及异常响声；套管密封无漏油现象；瓷套表面无严重结垢；电缆通道无异常。每1～2周应对电缆至少进行一次日常巡检。

二、点检

设备主人在电缆及通道类设备不退出备用的情况下，对其进行详细深入的专业巡视检查和分析工作，每季度对电缆至少进行1次巡视检查，发现异常及时进行分析处理。主要巡检内容是电缆本体无变形、表面温度正常，外护套无变形，电缆终端套管外绝缘无破损、裂纹，无明显放电痕迹、异味及异常响声、爬距满足要求，电缆终端、设备线夹、与导线连接部位无发热或温度异常，固定件无松动、锈蚀、支撑瓷瓶外套开裂、底座倾斜等现象，附近无不满足安全距离的异物，支撑绝缘子无破损情况和龟裂现象，法兰盘尾管无漏气现象，电缆终端无倾斜现象，引流线不应过紧。

三、特殊巡检

当出现下列情况时，需对出线场设备进行特殊巡视：

（1）新投运或检修后恢复运行；

（2）有严重缺陷时；

（3）气象突变（大风、大雾、大雪、冰雹、寒潮等）时；

（4）高温季节期间；

（5）同类型设备已发生过故障。

第二节　高压电缆操作

一、运行方式

当机组根据调度要求启动时，每回高压电缆正常时均承担一台或两台机组运行时的发电、抽水负荷；当机组根据调度要求全停时，每回高压电缆正常时均承担部分厂用负荷与主变空载负荷。

二、运行操作及注意事项

（1）每回高压电缆均设有具有灭弧能力的 GIS 快速接地开关；当 500kV 电缆改检修时，应在电缆改冷备用后，再合上快速接地开关，以消除运行高压电缆对停电高压电缆所产生的感应电压和残余电荷；

（2）GIS 设备之间设有电气闭锁，只有在满足电气闭锁条件的情况下才能实现操作；只有当高压电缆两侧的隔离开关拉开后，才能合上电缆快速接地开关，再合上电缆地下侧接地开关；特殊急需情况下，经值长同意才允许解除闭锁。

三、典型的运行操作

（一）高压电缆从运行改为冷备用

高压电缆各来电侧断路器拉开，各来电侧闸刀拉开，电压互感器二次侧所有空开拉开，闸刀动力电源开关与控制电源开关拉开。

（二）高压电缆从冷备用改为检修

验明高压电缆两端三相确无电压后先合上快速接地开关，再合上检修接地开关并退出高压电缆相关保护压板。拉开接地开关动力电源开关与控制电源开关。

第三节　高压电缆典型事故处理

一、典型事故现象及处理原则

（一）高压电缆本体及附件起火、爆炸处理

1. 现象

（1）高压电缆本体及附件起火、冒烟；

（2）高压电缆本体及附件绝缘击穿，终端套管爆炸；

（3）相关继电保护装置、故障录波器动作，发出告警信息；

（4）故障高压电缆本体及附件所在间隔断路器跳闸；

（5）故障高压电缆本体及附件所在线路电压、负荷电流为零。

2. 处理原则

（1）高压电缆本体及附件起火初期，首先应检查故障高压电缆本体及附件所在间隔断路器是否已跳闸，保护是否正确动作；

（2）户内终端起火应进行排风，人员进入前应佩戴正压式呼吸器；

（3）运行人员确认现场故障情况，将故障点与其他带电设备隔离；

（4）运行人员做好记录，通知维护人员，维护人员开票后进行故障处置。

（二）高压电缆终端过热处理

1. 现象

（1）三相终端金属连接部位、绝缘套管过热；

（2）高压电缆终端套管温度分布不均。

2. 处理原则

（1）运行人员检查发热终端线路的负荷情况，必要时联系值班调控人员转移负荷；

（2）若需停电处理，应汇报值班调控人员，待停电隔离完成后，维护人员开票进行检查处理。

（三）高压电缆终端/中间接头存在异响处理

1. 现象

（1）高压电缆终端/中间接头发出异常声响；

（2）高压电缆终端/中间接头表面存在放电痕迹。

2. 处理原则

（1）检查高压电缆终端/中间接头外绝缘是否存在破损、污秽，是否有放电痕迹；

（2）检查高压电缆终端/中间接头上是否悬挂异物；

（3）若需停电处理，应汇报值班调控人员，待停电隔离完成后，维护人员开票进行检查处理。

第四节　高压电缆布置、电缆及终端结构

一、交联聚乙烯绝缘电缆（XLPE 电缆）

高压电缆是电力电缆的一种，指用于传输 1～1000kV 的电力电缆，由高压输电导线通过固体绝缘体隔离后封闭在接地的金属屏蔽内部。主要用于城区、国防工程和电站等必须采用地下输电部位，还应用于水电站、抽水蓄能电站和城网建设等输变电系统，实现大容量输送电能。高压电缆常由电缆本体、电缆终端、接地回流线、单相保护接地箱、三相直接接地箱、接地电缆、绝缘法兰保护器和电缆在线监测装置等组成。

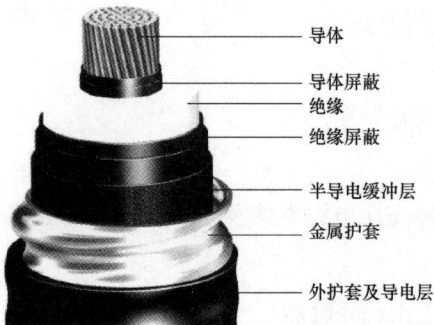

图 4-4-1　高压电缆本体解剖图

导体
导体屏蔽
绝缘
绝缘屏蔽
半导电缓冲层
金属护套
外护套及导电层

高压电缆采用过氧化物交联的方法，使聚乙烯分子由线型分子结构变为三维网状结构，由热塑性材料变成热固性材料，工作温度从 70℃提高到 90℃，显著提高电缆的载流能力，具有良好的耐热性能、绝缘性能、机械特性和耐化学特性。高压电缆本体解剖图如图 4-4-1 所示。

二、电缆终端

用于连接高压电缆与其他输电线路。终端一侧处于 SF$_6$ 气体中，另一侧位于环氧绝缘层筒中，连接过渡区应力锥均匀电场应力；终端是最重要的电缆附件，由于连接处电场应力集中，结构部件复杂，相对容易发生故障，故终端制作工艺要求很高。高压电缆终端如图 4-4-2 所示。

图 4-4-2　高压电缆终端

三、单相保护接地箱

当电缆出现操作过电压、雷击过电压或短路等严重故障时，屏蔽层将产生较高的瞬时冲击过电压，此时过压保护器接通，屏蔽层通过回流线形成良好的电流回路，降低屏蔽层电压，避免破坏绝缘。单相接地保护箱内部如图4-4-3所示。

图4-4-3　单相接地保护箱内部

四、高压电缆布置形式

高压电缆敷设路径为主变洞地下GIS室、主变洞水平电缆廊道、电缆斜井或竖井，地面水平电缆廊道、地面GIS电缆层、地面GIS室。水平段以电缆桥架固定安装在地面或侧墙上，竖井段以电缆支架固定安装在井壁上。高压电缆通过地下侧的电缆终端和地面侧的电缆终端与地下GIS和地面GIS连接。

为了补偿环境温度和负荷变化等因素产生热胀冷缩的热机效应，高压电缆全线采用蛇形布置。为配合地面和地下GIS布置，地面侧电缆终端为垂直布置，地下侧为水平布置。高压电缆布置示意图如图4-4-4所示。

电缆接地回流线通常平行于电缆布置，回流线两端接地。单相保护接地箱布置在地下侧，三相直接接地箱布置在地面侧。接地电缆通常在电缆两侧布置，法兰绝缘保护器跨接于GIS外壳与电缆连接处绝缘法兰的两端。高压电缆各设备连接位置示意图如图4-4-5所示。

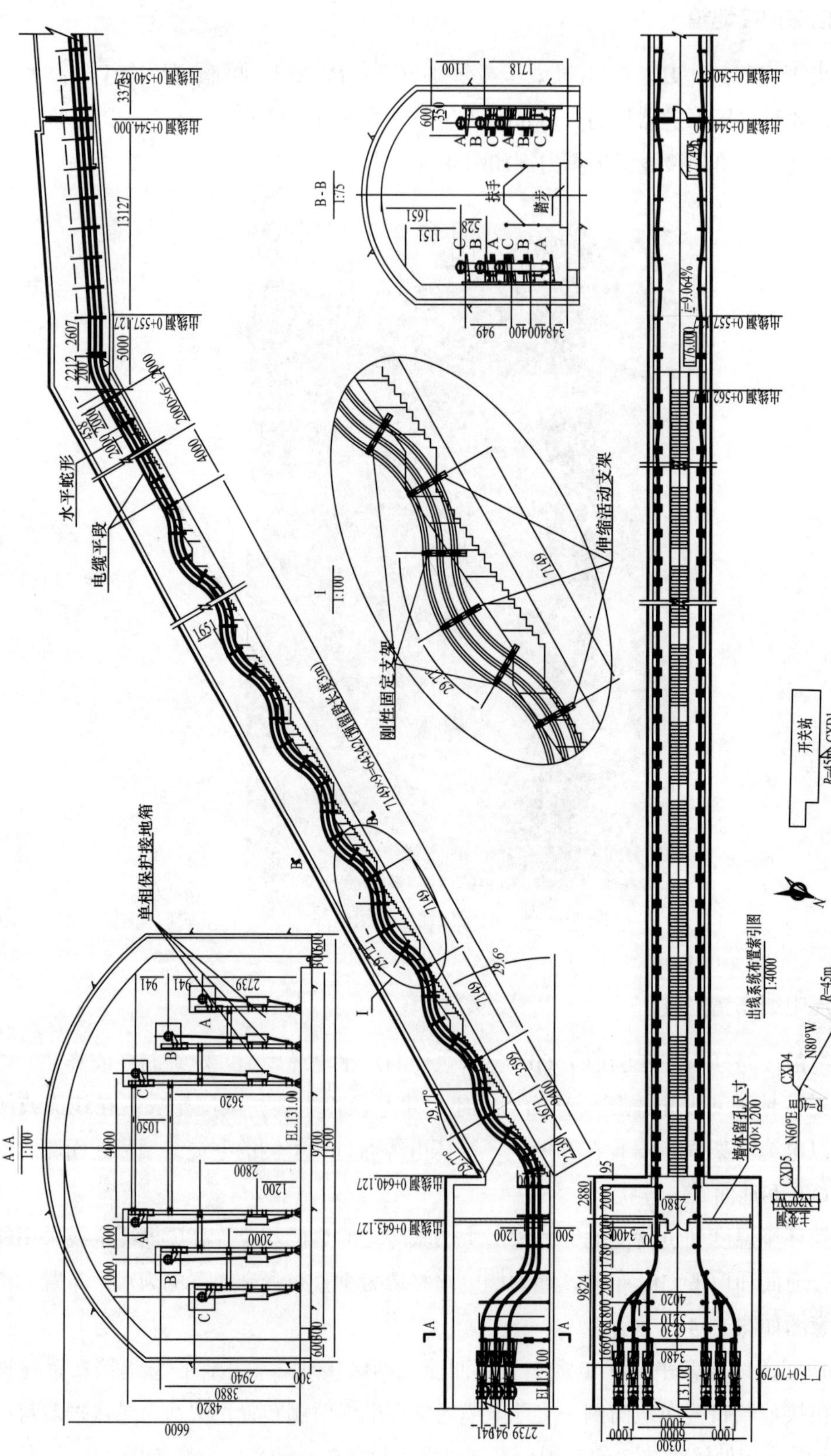

图 4-4-4 高压电缆布置示意图（单位：mm）

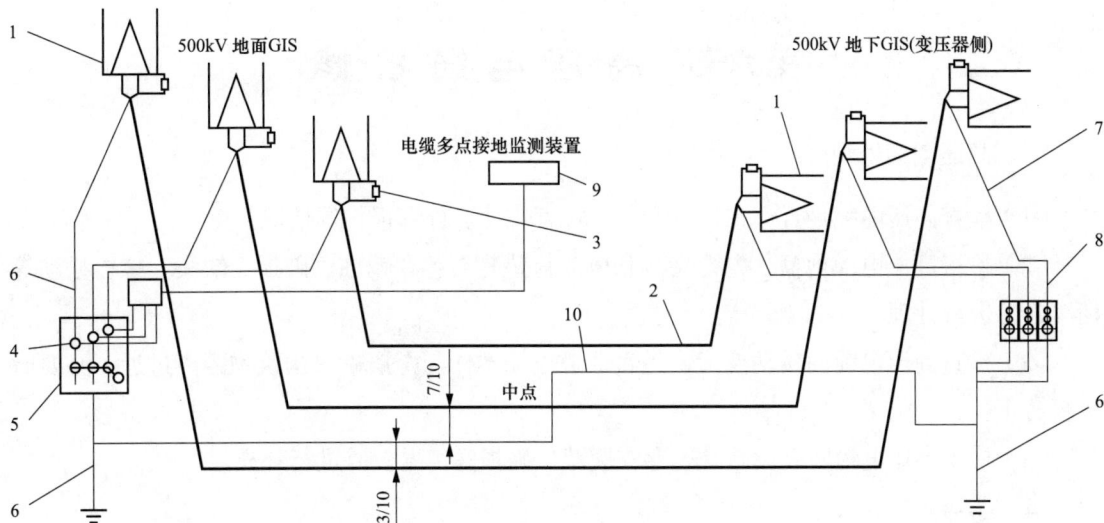

图 4-4-5　高压电缆各设备连接位置示意图

1— GIS 终端；2—电缆；3—绝缘法兰保护器；4—电流互感器；5—三相直接接地箱；6—接地电缆；
7—同轴电缆；8—单相保护接地箱；9—电缆多点接地监测装置；10—接地回流线

第五节　高压电缆日常维护

一、日常维护

（1）检查高压电缆是否存在过度弯曲、过度拉伸、外部损伤等情况。

（2）检查高压电缆抱箍、电缆夹具和电缆衬垫是否存在锈蚀、破损、缺失、螺栓松动等情况，并进行处理。

（3）检查高压电缆的蠕动变形，是否造成电缆本体与金属件、构筑物距离过近。

（4）检查高压电缆防火设施是否存在脱落、破损等情况，并进行补充。

（5）检查高压电缆接头两侧伸缩节有无明显变化。

（6）检查高压电缆接头托架、夹具有无偏移、锈蚀、破损、部件缺失等情况，并进行处理。

（7）检查高压电缆在线监测装置运行状况，并对出现的装置故障进行处理。

（8）带电测试外护层接地电流：

1）接地电流绝对值小于 100A；

2）接地电流与负荷电流比值小于 20%，与历史数据比较无明显变化；

3）单相接地电流最大值与最小值的比值小于 3。

（9）红外热成像检测。

第六节 高压电缆检修

一、高压电缆外观

（1）检查高压电缆是否存在过度弯曲、过度拉伸、外部损伤等情况。

（2）检查高压电缆抱箍、电缆夹具和电缆衬垫是否存在锈蚀、破损、缺失、螺栓松动等情况，并进行处理。

（3）检查高压电缆的蠕动变形，是否造成电缆本体与金属件、构筑物距离过近，必要时进行矫正。

（4）检查高压电缆防火设施是否存在脱落、破损等情况，并进行补充。

二、高压电缆附件

（1）电缆终端绝缘套管。

1）检查外观有无破损、污秽；

2）套管外绝缘有无污秽及放电痕迹；

3）清扫或复涂 RTV。

（2）支柱绝缘子。

1）检查外观有无破损、污秽；

2）检测上、下端面是否水平；

3）绝缘电阻是否满足要求；

4）清扫。

（3）油补偿装置。

1）检查外观有无破损、有无渗漏油情况；

2）检查油压是否正常，油压表是否正常。

（4）高压电缆接头。

1）检查高压电缆接头外观有无异常；

2）检查电缆接头两侧伸缩节有无明显变化；

3）检查电缆接头托架、夹具有无偏移、锈蚀、破损、部件缺失等情况；

4）检查电缆接头防火设施是否完好。

（5）设备线夹。

1）检查外观有无异常，是否有弯曲、氧化等情况；

2）检查紧固螺栓是否存在锈蚀、松动、螺母缺失等情况；

3）恢复搭接。

（6）在线监测系统。

1）校验监测数据的准确性；

2）检测设备与控制中心通信是否正常。

第七节　高压电缆试验检测

高压电缆试验是验证高压电缆产品性能是否符合有关标准或技术条件的规定和要求，发现高压电缆结构和制造上是否存在影响高压电缆正常运行的缺陷。高压电缆试验包含本体试验以及附件试验，试验按照 Q/GDW 11150《水电站电气设备预防性试验规程》的规定进行。

一、高压电缆本体试验

（1）电缆主绝缘的绝缘电阻。

（2）电缆外护套、内衬层绝缘电阻。

（3）铜屏蔽层电阻和导体电阻比（R_p/R_x）。

（4）外护套直流耐压试验。

（5）电缆主绝缘交流耐压试验。

（6）带电测试外护层接地电流。

（7）局部放电测试护层保护器的绝缘电阻及直流 U_{1mA} 参考电压。

（8）电缆 GIS 终端法兰保护器绝缘电阻及直流 U_{1mA} 参考电压。

（9）接地箱、保护箱连接接触电阻和连接位置的检查。

（10）红外热成像检测。

二、高压电缆附件试验

（1）护层保护器的绝缘电阻及直流 U_{1mA} 参考电压。

（2）电缆 GIS 终端法兰保护器绝缘电阻及直流 U_{1mA} 参考电压。

（3）接地箱、保护箱连接接触电阻和连接位置的检查。

第八节　高压电缆典型案例及反措

一、高压电缆典型案例

电缆终端或中间接头故障（绝缘击穿）、电缆本体故障（绝缘击穿、有异响）是常见故障，对电力系统产生的后果都较为严重。

（一）案例一

（1）电缆本体及附件起火、爆炸处理。某电站机组在发电工况稳态运行时，电缆差动保护动作导致 500kV 开关跳闸，机组由于 500kV 失电保护转电气事故停机，经检查确认电缆主绝缘已击穿，故障部位有明显放电痕迹。

（2）事故原因：由于电缆铝护套与绝缘屏蔽电气接触不良，金布中金属丝直径小于金布的平均厚度，再加上抽水蓄能电站负荷的特点易加剧电缆铝护套和内部配合不紧密，导致电缆绝缘屏蔽与铝护套局部电气接触不良，产生烧蚀，最终导致电缆击穿。

（3）处置原则：

1）电缆本体及附件起火初期，首先应检查故障电缆本体及附件所在间隔断路器是否已跳闸，保护是否正确动作；

2）保护未动作或者断路器未断开时，应立即拉开所在间隔断路器，汇报值班调控人员，做好安全措施，迅速报火警并灭火，防止火势继续蔓延；

3）户内终端起火应进行排风，人员进入前宜佩戴正压式呼吸器；

4）确认现场故障情况，将故障点与其他带电设备隔离；

5）做好记录，待检修人员处理。

（二）案例二

（1）电缆终端过热处理。某变电站 220kV 电缆终端故障，造成 220kV 变电站全停事故。

（2）事故原因：由于电缆终端尾管与铝护套处于分离状态，致使电缆金属护套电位悬浮，长期运行下出现发热和灼烧，最终导致电缆绝缘击穿。

（3）电缆终端故障处置原则：

1）检查发热终端线路的负荷情况，必要时联系值班调控人员转移负荷；

2）检查充油电缆终端是否存在漏油现象；

3）若需停电处理，应汇报值班调控人员，待检修人员处理。

二、高压电缆本体相关重点反事故措施

（1）应按照全寿命周期管理要求，根据线路输送容量、系统运行条件、电缆路径、敷设方式和环境等合理选择电缆和附件结构形式。（引自《国网公司十八项重大反事故措施》条款 13.1.1.1）

（2）应加强电力电缆和电缆附件选型、订货、验收及投运的全过程管理。应优先选择具有良好运行业绩和成熟制造经验的生产厂家。（引自《国网公司十八项重大反事故措施》条款 13.1.1.2）

三、高压电缆终端相关重点反事故措施

（1）电缆终端尾管应采用封铅方式，并加装铜编织线连接尾管和金属护套。110（66）kV及以上电压等级电缆接头两侧端部、终端下部应采用刚性固定。（引自《国网公司十八项重大反事故措施》条款 13.1.2.10）

（2）运行部门应加强电缆线路负荷和温度的监测，防止过负荷运行，多条并联的电缆应

分别进行测量。巡视过程中应检测电缆附件、接地系统等关键点的温度。（引自《国网公司十八项重大反事故措施》条款 13.1.3.1 ）

（3）严禁金属护层不接地运行。应严格按照试验规程对电缆金属护层的接地系统开展运行状态检测、试验。（引自《国网公司十八项重大反事故措施》条款 13.1.3.2 ）

思　考　题

1. 哪些情况下，需要对高压电缆进行特殊巡检？
2. 高压电缆主要运行方式有哪些？
3. 高压电缆本体绝缘电阻值明显降低的原因有哪些？

第五章　出线场设备运检

本章概述

本章介绍出线场设备运行、维护等方面的内容，主要由出线场设备巡检、操作、典型事故处理、日常维护等部分组成。

学习目标

学习目标	
知识目标	1. 能熟悉掌握出线场设备运行、检修、试验的全部内容。 2. 能够独立分析处理出线场设备相关故障。 3. 能够掌握设备相关反措要求。

第一节　出线场设备巡检

一、运行巡检

（1）出线场各设备无异常声音；检查各绝缘瓷瓶表面清洁、完整、无裂纹、无破损和无闪烁放电。

（2）各连接钢芯铝纹线垂度正常，无明显摇摆或振动现象。

（3）各相避雷器引线完整，均压环无明显振动或倾斜现象。避雷器内部无异音，泄漏电流值在正常范围内，检查计数器有无动作记数。

（4）避雷针固定牢固，无明显摇摆或振动现象，接地引线完好，无锈蚀现象。

（5）线路阻波器接头内部无放电现象，阻波器线圈导线无变形、变色，防鸟栅无破损。

（6）电容式电压互感器（capacitor voltage transformer，CVT）二次盘柜柜门完好关闭严密，柜内无进水，各开关状态正常，二次接线无脱落、无放电现象。

二、点检

（1）出线场 CVT、MOA、阻波器、绝缘子等设备外观应完整无损，各部连接应牢固可靠。

（2）出线场 CVT、MOA、阻波器、绝缘子等设备外绝缘表面应清洁，应无裂纹、破损及放电现象。

（3）出线场设备运行时内部应无异常声响。

（4）CVT 端子箱内开关应无过热及放电现象，开关的状态应正常，盘柜密封良好，内部元器件无结露。

（5）CVT 低压端的载波接地开关应处于打开状态（手柄向下），结合滤波器底部的接地线应接地可靠并无锈蚀。

（6）CVT 的分压电容和电磁单元应无渗漏油。

（7）记录避雷器放电计数器读数和泄漏电流，计数器读数与上次巡检时有变化时应分析其原因，泄漏电流与以往相比不应有明显变化。

（8）避雷器引流线、接地引下线及与计数器的连接线应无烧伤痕迹或断股现象。

（9）阻波器（如有）的主线圈无异常变色、开裂、断股等现象，防鸟栅未脱落，调谐元件运行正常，无明显变色。

（10）出线场内玻璃盘式绝缘子无自爆。

（11）均压环、间隔棒、屏蔽罩等金具安装牢固，无裂纹和歪斜。

（12）各金属架构的接地可靠，接地引下线无严重锈蚀。

三、特殊巡检

当出现下列情况时，需对出线场设备进行特殊巡视：

（1）大风、雾天、冰雪、冰雹及雨后。

（2）每次雷电活动后或系统发生过电压等异常情况后。

（3）设备变动后。

（4）设备新投入运行后。

（5）设备经过检修、改造或长期停运重新投入运行后。

（6）设备缺陷近期有发展时、法定节假日、上级通知有重要供电任务时。

（7）运行 10 年及以上的支柱绝缘子和 15 年以上的 MOA。

第二节　出线场设备操作

一、典型设备状态

500kV 线路状态一般分为：线路运行状态、线路热备用状态、线路冷备用状态、线路检修状态。

（1）线路运行状态：线路开关及对应闸刀均合闸，线路侧接地开关（或快速接地开关）拉开。线路上没有三相短路接地线。

（2）线路热备用状态：线路开关拉开，对应闸刀合闸，线路侧接地开关（或快速接地开关）拉开。线路上没有三相短路接地线。

（3）线路冷备用状态：线路开关及对应闸刀均拉开，线路侧接地开关（或快速接地开关）拉开。线路上没有三相短路接地线。

（4）线路检修状态：线路开关及对应闸刀均拉开，线路侧接地开关（或快速接地开关）合闸。线路上根据检修工作决定是否装设三相短路接地线。

二、典型操作任务

线路典型操作分为停役、复役操作。停复役操作各分为三步，停役时：线路从运行改为热备用；线路从热备用改为冷备用；线路从冷备用改为检修。复役则反之。

注：为减少操作过电压对高压 GIS 设备的影响，部分电厂增设开关"带电冷备用"状态，含义为：开关本身在断开位置，其有电侧闸刀合闸，无电侧闸刀拉开。

（一）线路停役

（1）线路从运行改为热备用：拉开线路开关，即线路开关从运行改为热备用。

（2）线路从热备用改为冷备用：拉开线路开关两侧闸刀，即线路开关改为冷备用状态（或带电冷备用状态）。

（3）线路从冷备用改为线路检修：合上线路开关靠线路侧接地开关。根据线路开关是否检修决定线路开关两侧接地开关是否均合闸（带电冷备用状态下线路开关无法改为开关检修），根据检修工作决定是否在线路上装设三相短路接地线。

（二）线路复役

（1）线路从线路检修改为冷备用：拉开线路开关靠线路侧接地开关（线路上已挂三相短路接地线的需拆除接地线），即线路开关改为冷备用。

（2）线路从冷备用改为热备用：合上线路开关两侧闸刀［带电冷备用状态下，只合无电侧闸刀。对于双母接线方式，应将线路开关从冷备用改为Ⅰ（或Ⅱ）母热备用］，即线路开关改为热备用。

（3）线路从热备用改为运行：合上线路开关，即线路开关改为运行。

第三节　出线场设备典型事故处理

一、典型事故处理

（一）500kV 避雷器泄漏电流增大

现象：避雷器泄漏电流突然增加 10% 以上。

可能原因：

（1）500kV 设备电压瞬时过高，避雷器动作；

（2）避雷器本身受潮或其他故障，在正常电压下绝缘降低；

（3）避雷器泄漏电流表故障。

处理方法：

（1）迅速检查 500kV 系统电压，是否正常，是否外部环境引起系统过电压，包括操作过电压和雷击过电压；

（2）检查避雷器动作情况（动作次数、泄漏电流等），并比照分析过往记录；

（3）对避雷器泄漏电流进行测试，判定是否避雷器泄漏电流表故障；

（4）若 500kV 系统电压正常，则可能是避雷器本身故障，对避雷器进行带电测试或停电试验。

（二）500kV 出线线夹温度高

现象：500kV 出线线夹温度明显升高，如图 5-3-1 所示。

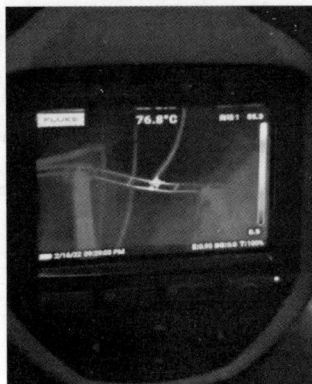
图 5-3-1　500kV 出线 A 相线夹温度高现场图

可能原因：

（1）T 形线夹螺栓未可靠紧固，线夹与导线之间存在间隙，且经过长期运行后导线与夹件出现氧化现象，多方面因素造成线夹与导线接触不良，在长期大电流的作用下出现发热。

（2）线夹装配工艺存在问题，在线夹装配过程中未能正确地对线夹固定螺栓进行紧固。设备安装验收不严格，未能及时发现线夹安装过程中垫片装反。

处理方法：

（1）检查发现第一个 T 型线夹（红外测温温度高点）与导线之间存在一定的间隙，进一步检查发现为螺栓垫片装反所导致；

（2）拆除线夹，并对其进行打磨、清理，并确认线夹与导线接触部位平整，对锈蚀螺栓进行更换；

（3）回装线夹，在线夹与导线接触部位涂抹适当导电膏，使用铝包带对导线进行包扎，调整螺栓垫片后重新进行紧固，并确认线夹与导线之间可靠接触无间隙；

（4）恢复线路运行，红外测温三相温度保持一致。

第四节　出线场设备结构及二次原理

一、设备结构

出线场设备通常有出线套管、CVT、避雷器、绝缘子、金具、门型构架等组成，部分电站因载波通信及线路高频保护需要，配置阻波器。

（一）出线套管

出线套管用于连接架空线路和 GIS 设备（或高压电缆），它利用电容性电压分级，并由有电压分级的电极隔板绝缘子将其分位两个独立的气室。套管所围住的空间充满了 SF_6 气体，采用密度继电器监视。

（二）CVT

CVT 外形如图 5-4-1 所示，其在电力系统中的主要用途为：

（1）用于电能计量和电压测量。

（2）用于继电保护、自动控制、同期检定。

（3）作为电容分压器的耦合电容器可用于载波通信系统等。

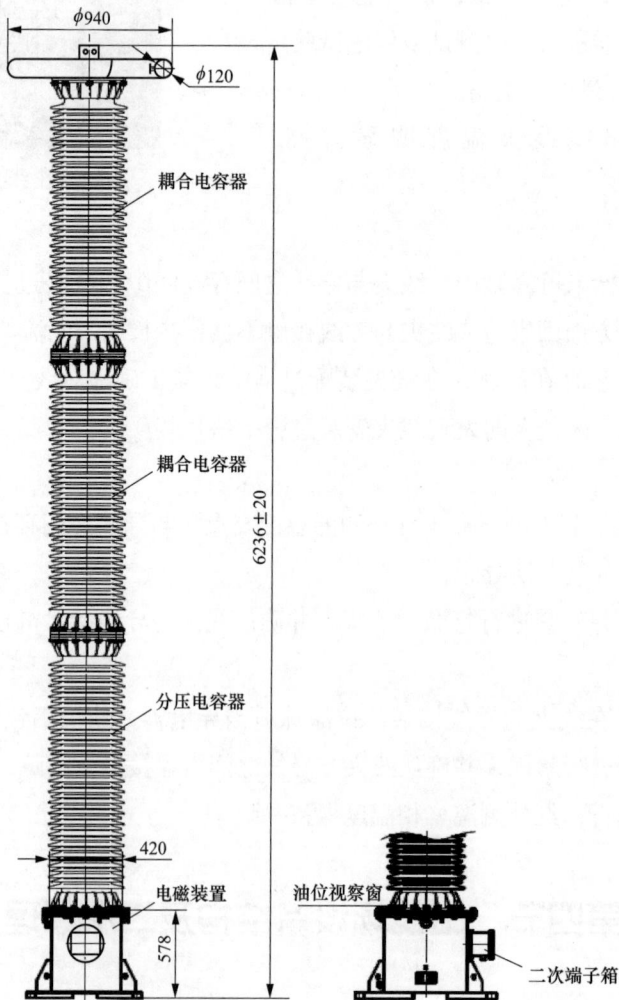

图 5-4-1　CVT 外形示意图

CVT 由电容分压器和电磁装置两部分组成，电容分压器部分通常由耦合电容器和分压电容器叠装而成。电容器的瓷外壳内装有以优质薄膜与电容器纸复合材料为介质的多个相串联的电容器元件，并以优质绝缘油进行真空浸渍。电容器为全密封结构，装有油补偿装置，保持一定过剩压力（故电容器无法取油样）。各电容器之间用螺栓连接，某些高电压等级的产品在各节电容器连接处和分压器顶部都装有防晕环。电磁装置由中间变压器、补偿电抗器和阻尼器等组成，密封于一充油钢制箱体内，此箱体亦作为分压电容器底座。由于 CVT 内含有电容和非线形电感，在正常运行过程中容抗和感抗基本处于工频调谐状态，在暂态冲击下易激发内部铁磁谐振。因此，对 CVT 产品必须要求具有极其可靠的抑制铁磁谐振的阻尼装置。用于中性点有效接地系统的 CVT，阻尼器采用速饱和电抗型阻尼器。用于中性点非有效接地系统的 CVT，阻尼器采用谐振型阻尼器或速饱和电抗型阻尼器两种规格。

（三）避雷器

避雷器是由具有优异非线性伏安特性、良好的老化特性、大通流能力的氧化锌阀片组装而成，不带串联或并联间隙。在持续运行电压下避雷器具有极高的电阻；在过电压作用下，避雷器呈现低电阻，其端子间电压被限制在允许范围内，从而有效地保护了交流和直流滤波器免受过电压损坏。避雷器外形示意图如图 5-4-2 所示。

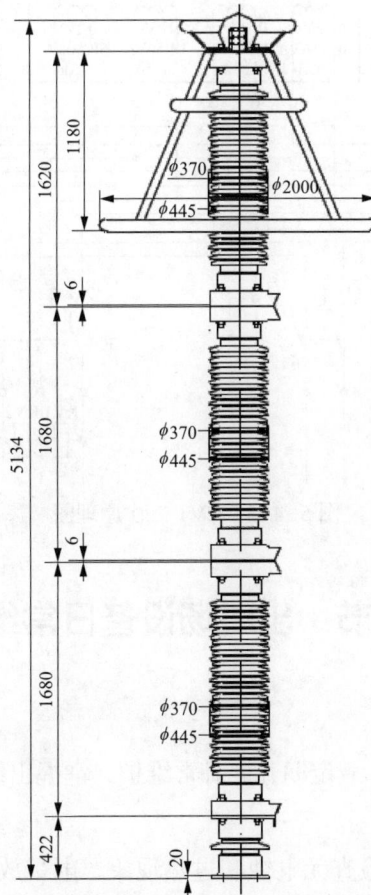

图 5-4-2　避雷器外形示意图（单位：mm）

避雷器由三节元件组成，为改善电位分布，采用外部均压环均压；避雷器元件内部由单柱电阻片串联，避雷器元件采用微正压结构，内部充高纯度干燥 N_2 或 SF_6 气体；避雷器的伞型采用了防污型、大小伞结构。

二、二次原理

CVT 主要用于测量、保护、计量、闭锁等二次回路，通常其二次侧配置四组线圈。图 5-4-3 为某电站 CVT 二次原理图，其每相第一组线圈准确级为 0.2 级，容量为 10VA，用于关口计量；第二组线圈准确级为 0.2 级，容量为 50VA，用于测量、同期、保护；第三组线圈准确级为 3P 级，容量为 50VA，用于保护、录波，第四组线圈准确级为 6P 级，容量为 50VA，用于录波（剩余电压），其中第三组线圈引出线上装有两个继电器 KV1 与 KV2，用于电压互感器断线监视。

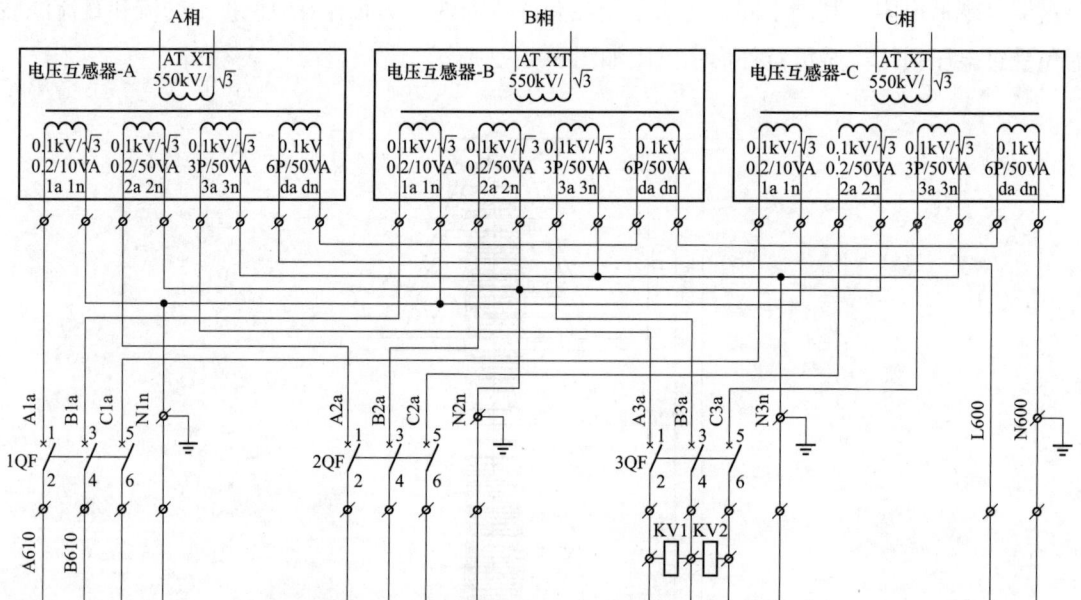

图 5-4-3　CVT 二次原理图

第五节　出线场设备日常维护

一、日常维护

出线场设备在正常运行中，应定期开展日常维护，掌握出线场设备的运行情况。

（一）CVT 检查

（1）检查一次连接与外观检查无电蚀和过热现象，电晕放电声音正常；瓷瓶表面清洁、无裂纹；

（2）红外成像测温。相间、每节间、每节各部位的温差不超过 2～3K。

（二）避雷器检查

（1）检查一次连接与外观检查无电蚀和过热现象，电晕放电声音正常；瓷瓶表面清洁、无裂纹。

（2）正常为整体轻微发热，较热点一般在靠近上部且不均匀，从上到下各节温度应递减。引起整体发热或局部发热为异常。各相间相同部位的温差一般不超过 0.5～1K。

（3）运行电压下泄漏电流（阻性分量）带电检测。仪器判别检测结果应为"优"或"良"。

（4）阻性分量增加到初值的 1.5 倍时，应引起注意；增加到初值的 2.0 倍时，应停电检查。

（三）出线套管检查

（1）检查一次连接与外观检查无电蚀和过热现象，电晕放电声音正常；瓷瓶表面清洁、无裂纹；

（2）红外成像测温。SF_6 套管无局部发热区域，套管表面相间温差不超过 2K；引线接头温差不超过 10K。

（四）绝缘子检查

温度分布同电压分布规律，即呈不对称马鞍型，相邻绝缘子温差很小。低值绝缘子比正常绝缘子温度高，以铁帽为发热中心的热像图。零值绝缘子发热温度比正常绝缘子要低，热像特征呈暗色调。以瓷盘为发热区的热像，由于表面污秽引起绝缘子泄漏电流增大。

（五）等值盐密分析

出线场的外绝缘按该地区污秽等级设计，如试验结果表明出线场的污秽等级超过Ⅱ级，应重新核算外绝缘的爬电比距，必要时进行调爬。

（六）金属架构检查

接地引下线导通性测试，导通电阻不超过 $50m\Omega$。

第六节　出线场设备检修

一、检修类别及项目

按照工作性质内容及工作涉及范围，将出线场设备的检修工作分为两类：大修、小修。

出线场设备小修宜与预防性试验的周期一致，每 3 年进行一次。日常维护过程中发现的设备异常应视设备的外部部件的缺陷情况，结合小修的周期进行。

出线场设备大修可根据设备制造厂检修标准、预防性试验结果及运行中在线监测或带电测试的结果综合分析判断，认为确有必要时进行。

设计或制造中存在共性缺陷的避雷器、电容式电压互感器等设备进行有针对性的大修。

同一串盘式绝缘子串（瓷）中低值／零值绝缘子数量达到 2 片及以上，同一串盘式绝缘子串（钢化玻璃）中自爆片数达到 2 片及以上，应对故障绝缘子实施更换。

二、设备检修工序及技术要求

（一）CVT 检修工序及要求

1. 解体

（1）拆卸 CVT 时，宜将分压电容器逐节起吊，起吊时应使用尼龙吊带（不得使用钢丝绳），避免损伤外绝缘。

（2）分压电容器一般不在现场进行解体检修。

（3）电磁单元的解体应在清洁无尘的室内进行，避免污染器身。

（4）各附件及零件应作好定位标记，以便按原位装复。

（5）拆卸的附件及零件注意密封保存，防止受潮、污染。

2. 检查

（1）检查时切勿将异物遗留在器身内，不得破坏或随意改变绝缘状态。

（2）所有紧固件应用力矩扳手或液压设备进行定量紧固控制。

（3）检修所用的工器具应由专人保管，完工后须清点，如有缺漏应查明原因。

（4）对检修前确定的检修内容认真排查，确保缺陷消除。

（5）应进行检修前后相关的电气试验，以便检验检修质量。

（6）对所有的附件，均要进行检查和测试，只有达到技术标准要求后才能装配。对不合格附件，如经检修仍不能达到技术标准要求时，要更换成合格品。

3. 电磁单元装配

复原安装好中压变压器、补偿电抗器、放电间隙、阻尼器、排流线圈等部件。中压变压器和补偿电抗器分接头应按原标志拧紧在端子板上，连接线不晃动。

4. 油箱装配

吊起上盖，用净油擦洗底部，根据拆卸时的标志吊放在底箱上方。在箱沿放置新密封胶圈，按拆卸时相反步骤恢复中压和低压连线。检查密封件放置正确后，均匀紧固密封螺丝，至胶圈达到 1/3 左右的压缩量。

5. 误差调试

电容式电压互感器装配完后，需进行准确度测量，测量按照 GB/T 20840.5《互感器 第 5 部分：电容式电压互感器的补充技术要求》的规定进行。如测量结果不能满足相应准确等级的要求，可通过调整中压变压器和补偿电抗器的分接头来满足 GB/T 20840.5《互感器 第 5 部分：电容式电压互感器的补充技术要求》要求进行。如测量结果不能满足铁磁谐振特性要求，应调整阻尼元件参数直至满足为止。

6. 铁磁谐振调试

对于更换过阻尼元件的电容式电压互感器，应进行铁磁谐振调试，调试按照 GB/T 20840.5《互感器 第 5 部分：电容式电压互感器的补充技术要求》要求进行，如测量结果不能满足铁磁谐振特性要求，应调整阻尼元件参数直至满足为止。

7. CVT 检查及维护

（1）检查清扫分压电容器。瓷套表面清洁，不应有裂纹、渗漏和放电痕迹。

（2）检查电磁单元油箱和底座。无渗漏，二次接线板完整无破损或烧伤，底座接地良好。

（3）检查 CVT 低压端子。低压端子与排流线圈、排流线圈与地之间连接可靠紧固，载波接地开关在检修结束后应处于打开状态。

（4）检查 CVT 二次端子箱。端子箱密封和封堵完好，无积尘，各元器件及接线端子无损伤，端子连接紧固，箱体接地完好。

（二）避雷器检修工序及要求

1. 避雷器整体更换

（1）金属氧化物避雷器不得进行元件更换。

（2）避雷器更换前应检查备品是否受潮，备品附件是否缺少或损坏，检查避雷器外观和铭牌是否缺少或损坏，压力释放板是否完好无损，铭牌与所需更换的避雷器是否一致。

（3）避雷器拆除工作应自上而下进行，即先拆除避雷器的引流线，然后拆除均压环，之后逐节拆除避雷器。拆除前应先将被拆除部分可靠固定，避免引流线突然滑出、均压环坠落或避雷器倒塌。

（4）避雷器安装时应符合以下要求：

1）避雷器组装时，其各节的位置应符合产品出厂标志的编号；

2）避雷器各连接处的金属接触表面，应除去氧化膜及油漆，并涂一层电力复合脂；

3）避雷器应安装垂直，其垂直度应符合制造厂的规定，如有歪斜，可在法兰间加金属片校正，但应保证其导电良好，并将其缝隙用腻子抹平后涂以油漆；

4）均压环应安装水平，不得歪斜；

5）放电计数器应密封良好，动作可靠，并应按产品的技术规定连接，安装位置应一致，且便于观察；接地应可靠，放电计数器宜将读数归零或记录试验后投运前的读数；

6）避雷器的排气通道应通畅；

7）避雷器引线的连接不应使端子受到超过允许的外加应力。

（5）避雷器吊装时，必须采取有效措施防止瓷套受损及避雷器侧倒坠落。安装时还应注意防止保护压力释放板被扎破或碰伤。避雷器各连接部位必须紧固可靠，使用螺栓必须与螺孔尺寸相配套且具有良好的防锈蚀性能。

2. 放电计数器的检修

放电计数器的检修应先检查避雷器基座的情况，如避雷器基座良好，则对放电计数器小套管进行检查，若小套管已损伤或表面严重脏污，则对其进行更换或擦拭。如未发现小套管存在问题，则应对放电计数器进行更换。

3. 绝缘基座的检修

绝缘基座的检修应先检查绝缘基座是否严重积污或穿芯套管螺栓锈蚀，如严重积污或螺栓锈蚀，则将污秽清除。如无严重积污或螺栓锈蚀，或清除后绝缘基座的绝缘电阻仍然很低时，应更换绝缘基座。绝缘基座的更换可参照避雷器拆装。避雷器拆除后、安装前应妥善放置。

4. 避雷器检查与维护

（1）检查瓷套、基座及法兰是否出现裂纹，瓷套表面是否有放电痕迹；

（2）避雷器、计数器的引线及接地端子以及密封结构金属件上有不正常变色和融孔；

（3）与避雷器连接的引线及接地引下线有无烧伤痕迹或断股现象，避雷器接地端子是否牢固是否可靠接地，接地引下线是否锈蚀；

（4）各连接部位是否有松动现象，金具和螺丝是否锈蚀；

（5）动作计数器接线是否牢固，内部是否有积水现象。

5. 避雷器检查要求及原则

（1）避雷器每次停电检查工作都应有相应的记录；

（2）在停电检查中对避雷器瓷外套的污秽进行清扫；

（3）检查中发现缺陷应在设备台账中进行详细记载，同时向班组和专工汇报后按缺陷的处置原则进行处置。

（三）出线套管检修工序及要求

1. 出线套管检修的更换

（1）更换前应进行相关的检查和试验。

（2）在材料、备品备件、工艺和试验装备上要有充分的准备。

（3）搬运时应防止对支柱子瓷表面的损伤。

（4）起吊：

1）起吊时不得使用钢丝绳，应采用尼龙吊带或专用绳套吊具，如使用尼龙吊带，须做好防脱落的措施；

2）起吊时速度应均匀，掌握好重心，防止倾斜，与其他设备保持一定的间隙防止碰伤；

3）绝缘子应垂直于底座平面，同一绝缘子柱的各绝缘子中心线应在同一垂直线上，安装时可用金属垫片校正其水平或垂直偏差。

2. 支柱绝缘子检查

（1）检查出线套管瓷铁黏合是否牢固；

（2）检查金属部件有无锈蚀、裂纹，金属表面应有防腐处理（热镀锌层未有剥落）；

（3）检查出线套管外绝缘有无裂纹，有无放电、生锈、过热痕迹，绝缘子表面应清扫干净。

第七节 出线场设备试验检测

一、交接试验

出线场设备在安装完毕移交前，应按 GB 50150—2016《电气装置安装工程 电气设备交接试验标准》的要求进行交接试验，具体试验项目如下：

1. 避雷器

（1）金属氧化物避雷器绝缘电阻测量。

（2）金属氧化物避雷器的工频参考电压和持续电流测量。

（3）金属氧化物避雷器 1mA 下直流参考电压和 0.75 倍直流参考电压下的泄漏电流测量。

（4）检查放电计数器动作情况及监视电流表指示。

（5）工频放电电压试验。

2. CVT

（1）绝缘电阻测量。

（2）介质损耗角正切值 $\tan\delta$ 测量及电容量。

（3）绕组的直流电阻测量。

（4）接线绕组组别和极性检查。

（5）误差及变比测量。

（6）密封性能检查。

3. 出线套管

（1）绝缘电阻测量。

（2）交流耐压试验。

（3）SF_6 套管气体试验。

4. 悬式绝缘子

（1）绝缘电阻测量。

（2）交流耐压试验。

二、预防性试验

出线场设备按照 Q/GDW 11150《水电站电气设备预防性试验规程》的规定进行，其试验项目为：

1. 500kV 出线场 CVT

（1）绝缘电阻。

（2）介损试验。

2. 500kV 出线场避雷器

（1）直流 1mA 下的参考电压测试。

（2）75% 参考电压下的泄漏电流测试。

（3）持续运行电压下的总泄漏电流及其阻性分量测试。

（4）避雷器本体及底座绝缘电阻测试。

3. 500kV 出线场绝缘子

（1）盘形瓷绝缘子零值检测。

（2）复合绝缘子、硅橡胶外护套及硅橡胶涂层（RTV）外观检查。

（3）复合绝缘子、硅橡胶外护套及硅橡胶涂层（RTV）憎水性试验。

（4）红外热成像检测。

（5）支柱绝缘子超声波探伤。

第八节　出线场设备典型案例及反措

一、典型案例

（1）2011 年华北某地区普降春雪，某电厂一台 500kV 断路器在机组同期并网时端口外绝缘发生雪闪，电弧持续 2s 以上导致一侧断口的瓷套管炸裂。炸裂一侧的引线垂落导致一台电流互感器对地闪络，导致该段母线停电进一步引发机组跳闸事故。

（2）2006 年某供电公司 220kV 某变电站 1 号主变压器 220kV 侧 B 相避雷器因装配工艺不当导致未能将密封盖板完全压紧，在运行期间受潮导致绝缘筒击穿，从而发生爆炸，主变压器差动保护动作两侧开关跳闸。

（3）2005 年某 500kV 变电站线路出口 CVT 精度试验时，发现三相 CVT 三节耦合电容器未按设备名牌正确装配，其精度均不合格，造成数据异常。

（4）2022 年某电站出线三相 T 型 A 相线夹与导线接触面存在氧化痕迹且线夹螺栓垫片装反，造成线夹与导线无法可靠紧固、接触，在 4 台机满负荷发电工况下进行红外成像发现 A 相线夹发热点最高温度高达 85.3℃，此时环境温度 7℃，其温度已达严重缺陷标准。

（5）2020 年某电站出线四变二线夹因线夹材质为铝制、引流导线为铜制，两者直接接触会使线夹管内壁氧化腐蚀严重接触电阻增大，随机组负荷增加温度异常升高明显，同一相线夹温度差距明显。

二、反措条款

出线场设备运维应满足《防止电力生产事故的二十五项重点要求》（2023 版）、《国家电网有限公司水电厂重大反事故措施》等反措条文相关要求。

以下反措条款均取自《防止电力生产事故的二十五项重点要求》（2023 版）：

（1）电容式电压互感器宜选用速饱和电抗器型阻尼器，并应在出厂时进行 $0.8U_n$、$1.0U_n$、$1.2U_n$ 及 $1.5U_n$ 的铁磁谐振试验（注：U_n 指额定一次相电压）。

（2）对于 220kV 及以上等级的电容式电压互感器，其耦合电容器部分是分成多节的，安装时必须按照出厂时的编号以及上下顺序进行安装，严禁互换。

（3）加强开关设备外绝缘的清扫或采取相应的防污闪措施，当发电机组并网断路器断口外绝缘积雪、严重积污时不得进行启机并网操作。

（4）220kV 及以上电压等级瓷外套避雷器安装前应检查避雷器上下法兰是否胶装正确，下法兰应设置排水孔。

（5）对金属氧化物避雷器，应坚持在运行中按规程要求进行带电试验。35～330kV 电压等级金属氧化物避雷器可用带电测试替代定期停电试验。500kV 及以上电压等级金属氧化物避雷器宜进行停电检测。

（6）依据生产运行实际，避雷器运行中持续电流检测（带电），330kV 及以上电压等级的避雷器应每 6 个月进行一次，220kV 及以下的避雷器每年检测 1 次，宜在每年雷雨季节前进行。测试数据应包括全电流及阻性电流，且不超过规程允许值。

（7）110kV（66kV）及以上电压等级避雷器应安装与电压等级相符的交流泄漏电流在线监测表计。对已安装在线监测表计的避雷器，有人值班的变电站每天至少巡视一次，每半月记录一次，并加强数据分析。无人值班变电站可结合设备巡视周期进行巡视并记录，强雷雨天气后应进行特巡。

（8）对运行 15 年及以上的避雷器应重点跟踪泄漏电流的变化，停运后应重点检查压力释放板是否有变色、锈蚀或破损。

（9）盘形悬式瓷绝缘子安装前，应在现场逐个进行零值检测。

思　考　题

1. 线路的几种运行状态及定义？
2. 简述出线场设备的组成？
3. 出线场设备日常维护的主要内容有哪些？

第六章 母线及启动设备运检

本章概述

本章介绍母线及启动设备运行、维护等方面的内容，主要由母线及启动设备巡检、操作、典型事故处理、日常维护、检修、试验检测等部分组成。

学习目标

学习目标	
知识目标	1. 能熟悉掌握母线及启动设备运行、维护、检修、试验的全部内容。 2. 能够独立分析处理母线及启动设备相关故障。 3. 能够掌握设备相关反措要求。

第一节 母线及启动设备巡检

（一）隔离开关检查

（1）合闸状态的隔离开关触头接触良好；分闸状态的隔离开关触头间的距离目测无异常，操动机构的分、合闸指示与本体实际分、合闸位置相符；

（2）绝缘子外观清洁，无破损、无裂纹及放电痕迹、无放电异音、无异常倾斜；

（3）传动连杆、拐臂等部件，无锈蚀、松动、变形等异常现象。

（二）发电机出口断路器检查

（1）检查标志牌，名称、编号应齐全、完好；

（2）分、合闸位置指示器与实际运行方式相符；

（3）控制、信号电源检查正常，无异常信号发出；

（4）液压弹簧操动机构弹簧完好、正常，储能正常；

（5）液压弹簧操动机构油箱油位在上下限之间，无渗（漏）油；

（6）SF_6 气室压力指针在正常范围内；

（7）气动操动机构接头、管路、阀门无漏气现象；

（8）气动操动机构压力表指示正常，并记录实际值；

（9）液压操动机构接头、管路、阀门无渗油现象；

（10）液压弹簧操动机构接头、管路、阀门无渗油现象。

（三）封闭母线设备巡检

（1）封闭母线外壳无异物悬挂；

（2）外观完好，表面清洁，连接牢固；

（3）无异常振动和声响；

（4）相序等标识齐全、完好，清晰可辨；

（5）带电显示装置运行正常；

（6）母线运行温度及温度显示正常；

（7）母线循环干燥装置运行正常。

（四）设备位置检查

断路器、隔离开关及接地开关的机械位置指示及电气位置指示正确，并与当时实际运行工况相符。

（五）控制柜检查

设备指示灯正常，和设备实际运行状态一致，无报警，盘柜温湿度正常。

（六）电压互感器、电流互感器、避雷器等辅助设备检查

（1）具备条件的电厂，查看设备接地标识，出厂铭牌、设备标识牌、相序标识是否齐全、清晰；

（2）设备无异常声响、异常振动和异常气味；

（3）设备外观完好，外绝缘表面清洁、无裂纹、无漏胶及放电现象。

第二节　母线及启动设备操作

一、发电机出口断路器操作

正常情况，机组开关现地/远方切换把手处于"remote"位置，由计算机监控系统按程序实现自动操作，可实现远方自动准同期合闸、手动准同期合闸及正常和事故分闸。

（一）现地手动合闸

（1）检查机组开关满足合闸条件；

（2）将机组开关现地/远方切换开关切至"local"；

（3）在机组开关现地控制盘上操作机组断路器分/合选择开关"合闸"给出合闸命令；

（4）检查机组开关合上后，将机组开关现地/远方切换开关切回"remote"。

注意：机组开关现地手动合闸仅用于维护试验，机组正常运行时严禁操作分/合闸操作把手以防误给出合闸命令。

（二）机组开关分闸

（1）监控系统发出远方分闸命令；

（2）机组相关保护动作，发出跳闸命令；

（3）当机组开关现地/远方切换开关切至"local"时，通过操作机组断路器分/合选择开关"分闸"现地发出分闸命令。

分闸条件：机组开关操作机构弹簧储能正常、SF_6气压满足合闸要求、机组开关在合闸位置。

注意：机组开关现地手动分闸仅用于维护试验，机组正常运行时严禁操作分/合闸操作把手以防误给出分闸命令。

二、机组开关机组侧接地开关的操作

正常情况下，机组开关机组侧接地开关处于分闸状态，既不可电动操作，也不可手动操作，其"△"钥匙取出。

（一）现地电动合闸

（1）检查机组开关机组侧接地开关满足合闸条件；

（2）将机组开关机组侧接地开关现地/远方切换开关切至"local"，且盘柜控制电源开关在合上位置；

（3）在母线洞开关控制柜上操作接地开关分/合按钮给出"close"合闸命令；

（4）接地开关合闸后，检查其实际位置。

备注：机组开关机组侧接地开关必须在现地进行操作。

（二）现地电动分闸

（1）检查机组开关机组侧接地开关满足分闸条件；

（2）将机组开关机组侧接地开关现地/远方切换开关切至"local"，且盘柜控制电源开关在合上位置；

（3）在母线洞开关控制柜上操作接地开关分/合按钮给出"OPEN"分闸命令；

（4）分闸后，检查接地开关实际位置。

备注：机组开关机组侧接地开关必须在现地进行操作。

（三）现地手动操作

（1）检查机组开关机组侧接地开关满足动作条件；

（2）检查机组开关机组侧接地开关现地闭锁钥匙位于可手动摇柄操作位置；

（3）将机组开关机组侧接地开关操作手柄插入手柄孔即可摇动进行分/合操作；

（4）检查机组开关机组侧接地开关实际位置已全分或全合。

注意：机组开关机组侧接地开关现地手动摇柄插入操作孔后将闭锁其他电动操作，在机组检修需合上开关接地开关时，必须取出"○"形闭锁钥匙以确保安全。

三、换相闸刀的操作

（一）远方自动合闸

（1）检查换相闸刀控制柜内电源控制开关在合上位置，检查母线洞开关控制柜上选择切换开关切至"remote"；

（2）检查换相闸刀本体柜现地闭锁钥匙处于可电动操作位置，"□"钥匙取出；

（3）检查机组开关、机组开关机组侧接地开关、机组开关换相闸刀侧接地开关、拖动闸刀、主变压器低压侧接地开关、主变压器高压侧接地开关、电气制动闸刀在分闸位置；

（4）检查换相闸刀五极均在分闸位置；

（5）系统发出换相闸刀合于发电方向或合于抽水方向合闸令；

（6）检查换相闸刀合闸到位。

（二）远方自动分闸

（1）检查换相闸刀控制柜内电源控制开关在合上位置，检查母线洞开关控制柜上选择切换开关切至"remote"；

（2）检查闸刀本体柜现地闭锁钥匙处于可电动操作位置，"□"钥匙取出；

（3）检查机组开关、机组开关机组侧接地开关、机组开关换相闸刀侧接地开关、拖动闸刀、主变压器低压侧接地开关、主变压器高压侧接地开关、电气制动闸刀在分闸位置；

（4）系统发出换相闸刀分闸令；

（5）检查换相闸刀分闸到位。

（三）现地电动操作

（1）检查换相闸刀控制柜内电源控制开关在合上位置，检查母线洞开关控制柜上选择切换开关切至"local"；

（2）检查闸刀本体柜现地闭锁钥匙处于可电动操作位置，"□"钥匙取出；

（3）检查机组开关、机组开关机组侧接地开关、机组开关换相闸刀侧接地开关、拖动闸刀、主变压器低压侧接地开关、主变压器高压侧接地开关、电气制动闸刀在分闸位置。

若需将换相闸刀合闸，则：

（1）若将换相闸刀合于发电方向，则按下换相闸刀（发电方向）合闸按钮；

（2）若将换相闸刀合于抽水方向，则按下换相闸刀（抽水方向）合闸按钮；

（3）检查换相闸刀已合于发电方向或抽水方向，并实际位置完好到位。

若需将换相闸刀分闸，则：

（1）若闸刀合于发电方向，则按下换相闸刀（发电方向）分闸按钮；

（2）若闸刀合于抽水方向，则按下换相闸刀（抽水方向）分闸按钮；

（3）检查换相闸刀五极已完全分闸。

（四）现地手动操作

（1）检查机组开关、机组开关机组侧接地开关、机组开关换相闸刀侧接地开关、拖动闸刀、主变压器低压侧接地开关、主变压器高压侧接地开关、电气制动闸刀在分闸位置；

（2）检查主变压器高压侧闸刀在分闸位置（主变已停电）；

（3）检查换相闸刀现地闭锁钥匙位于可手动摇柄操作位置；

（4）将换相闸刀操作手柄插入手柄孔摇动即可进行分合操作；

（5）检查换相闸刀实际位置正确。

注意：换相闸刀现地手动摇柄操作仅在主变停电后需手动操作试验时才能进行操作，正常情况时严禁采用，同时摇柄插入操作孔后将闭锁其他电动操作，在机组检修换相闸刀需保持为全分闸位置时，必须取出"△"形闭锁钥匙以确保安全。

四、机组电气制动闸刀的操作

（一）远方自动操作

（1）将现地控制盘切换开关切至"remote"（远方）位置；

（2）检查机组开关、换相闸刀五极、机组拖动闸刀、被拖动闸刀在分闸位置；

（3）检查无闭锁电气制动信号；

（4）检查磁场开关在分闸位置；

（5）检测机组转速低于50%Nr；

（6）励磁系统发出合电气制动闸刀令；

（7）检查电气制动闸刀已合上；

（8）合上磁场开关投入励磁，开始电气制动；

（9）当检测转速小于2%Nr或定子电流小于30%I_n；

（10）检查磁场开关在分闸位置；

（11）励磁系统发出分电气制动闸刀令；

（12）检查电气制动闸刀已分闸。

（二）现地电动操作

（1）将现地控制盘切换开关切至"local"（现地）位置；

（2）检查机组开关、换相闸刀五极、机组拖动闸刀、被拖动闸刀在分闸位置；

（3）检测机组转速为零；

（4）检查无闭锁电气刹车信号；

（5）检查磁场开关在分闸位置；

（6）检查闸刀操作机构闭锁位于可电动操作位置；

（7）在现地控制盘上通过分合按钮给出分合闸命令。

注意：正常情况下，严禁现地电动操作电气制动闸刀，仅在停机稳态后要求对电气制动闸刀进行分合闸试验或机组升流试验时采用该方法。

（三）手动摇柄操作

（1）检查电气制动闸刀位于可手动摇柄操作位置；

（2）将电气制动闸刀操作手柄插入手柄孔，通过摇动手柄进行分 / 合操作；

（3）检查电气制动闸刀实际分和闸到位。

注意：正常情况下，严禁现地手动摇柄操作电气制动闸刀，仅在停机稳态后母线检修需对电气制动闸刀进行分合闸试验时采用该方法。

五、被拖动闸刀的操作

（一）远方自动合闸操作

（1）检查母线洞开关现地控制盘电源开关在合上位置。

（2）检查母线洞开关现地控制盘上选择开关在"remote"位置。

（3）检查启动母线接地开关在分。

（4）检查机组开关两侧接地开关均在分闸位置。

（5）检查机组开关在分闸位置。

（6）检查被拖动闸刀在分闸位置。

（7）当启动母线联络闸刀在分闸位置时，与被拖动闸刀连在同一启动母线上的被拖动闸刀在分闸位置；当启动母线联络闸刀在合闸位置时，所有机组的被拖动闸刀均在分闸位置。

（8）检查监控系统闭锁条件满足。

（9）监控系统发出合闸令。

（10）检查被拖动闸刀合闸正常。

（二）远方自动分闸操作

（1）检查被拖动闸刀在合闸位置。

（2）检查闭锁条件满足。

（3）检查 SFC 输出开关在分闸位置；启动母线联络闸刀在分闸位置；当启动母线闸刀在合闸位置时，与启动母线所有连接的拖动闸刀均在分闸位置。

（4）监控系统发出分闸令。

（5）检查被拖动闸刀分闸正常。

（三）现地电动操作

（1）检查母线洞开关现地控制盘上选择开关在"local"；

（2）检查同段启动母线的另一机组拖动、被拖动闸刀在分；

（3）检查机组所在启动母线的启动母线闸刀在分；

（4）检查机组所在启动母线的启动母线接地开关在分；

（5）检查其他闭锁条件满足；

（6）检查闸刀操作机构闭锁位于可电动操作位置；

（7）现地通过现地控制盘上的"OPEN/CLOSE"按钮发出分/合闸令；

（8）检查被拖动闸刀动作正常。

（四）现地手动操作

（1）检查同段启动母线的另一机组拖动、被拖动闸刀在分；

（2）检查机组所在启动母线的启动母线闸刀在分；

（3）检查机组所在启动母线的启动母线接地开关在分；

（4）检查其他闭锁条件满足；

（5）检查闸刀操作机构闭锁位于可手动操作位置；

（6）将手柄插入手动操作孔逐相进行操作并检查操作到位。

注意：机组被拖动闸刀现地手动操作仅用于维护试验，严禁机组正常运行时操作。

六、拖动闸刀的操作

（一）远方自动合闸

（1）检查母线洞开关现地控制盘电源开关在合上位置。

（2）检查母线洞开关现地控制盘上选择开关在"remote"位置。

（3）检查闭锁条件满足。

（4）当启动母线闸刀在分闸位置时，与拖动闸刀连在同一启动母线上的拖动闸刀在分闸位置；当启动母线联络闸刀在合闸位置时，所有机组的拖动闸刀均在分闸位置。

（5）监控系统发出合闸令。

（6）检查合闸正常。

（二）远方自动分闸

（1）检查母线洞开关现地控制盘电源开关在合上位置；

（2）检查母线洞开关现地控制盘上选择开关在"remote"位置；

（3）检查拖动闸刀在合闸位置；

（4）检查闭锁条件满足；

（5）监控系统发出分闸令；

（6）检查拖动闸刀分闸正常。

（三）现地电动操作

（1）检查母线洞开关现地控制盘电源开关在合上位置；

（2）检查母线洞开关现地控制盘上选择开关在"local"；

（3）检查同段启动母线的另一机组拖动、被拖动闸刀在分；

（4）检查机组所在启动母线的启动母线闸刀在分；

（5）检查机组所在启动母线的启动母线接地开关在分；

（6）检查其他闭锁条件满足；

（7）检查闸刀操作机构闭锁位于可电动操作位置；

（8）通过拖动闸刀现地控制盘上的"OPEN/CLOSE"按钮发出分/合闸令；

（9）检查拖动闸刀动作正常。

（四）现地手动操作

（1）检查同段启动母线的另一机组拖动、被拖动闸刀在分；

（2）检查机组所在启动母线的启动母线闸刀在分；

（3）检查机组所在启动母线的启动母线接地开关在分；

（4）检查其他闭锁条件满足；

（5）检查闸刀操作机构闭锁位于可手动操作位置；

（6）手柄插入手动操作孔逐相进行操作并检查操作到位。

注意：机组拖动闸刀现地手动操作仅用于维护试验，严禁机组正常运行时操作。

七、厂用变压器及 SFC 输入闸刀的操作

（一）远方自动分合闸操作

（1）检查厂用变压器开关、SFC 输入开关在分闸位置；

（2）检查监控系统闭锁条件满足；

（3）检查厂用变压器及 SFC 输入闸刀现地控制盘电源开关在合上位置；

（4）检查厂用变压器及 SFC 输入闸刀现地控制盘上选择开关在"remote"位置；

（5）监控系统发出分闸/合闸令；

（6）检查 SFC 输入闸刀分合闸正常。

（二）现地电动操作

（1）检查厂用变压器及 SFC 输入闸刀现地控制盘上选择开关在"local"；

（2）检查厂用变压器及 SFC 输入闸刀现地控制盘电源开关在合上位置；

（3）检查厂用变压器开关、SFC 输入开关在分闸位置；

（4）检查闭锁条件满足；

（5）通过现地控制盘上操作把手合上或拉开闸刀；

（6）检查厂用变压器及 SFC 输入闸刀动作正常。

（三）现地手动操作

（1）检查厂用变压器开关、SFC 输入开关在分闸位置；

（2）检查闭锁条件满足；

（3）现地控制盘上接地开关选择开关切至"MANUAL"位置；

（4）操作摇柄插入该接地开关的手动操作孔内进行操作；

（5）检查闸刀合／分闸到位。

注意：厂用变压器及 SFC 输入闸刀现地手动操作仅用于维护试验，严禁正常运行时操作。

八、启动母线分段闸刀的操作

（一）远方自动合闸操作

（1）检查 SFC 输出开关在分闸位置；

（2）检查启动母线分段闸刀两侧接地开关在分闸位置；

（3）检查与启动母线相连机组的拖动、被拖动闸刀在分闸位置；

（4）检查启动母线分段闸刀在分闸位置；

（5）检查启动母线分段闸刀现地控制盘电源开关在合上位置；

（6）检查启动母线分段闸刀现地控制盘上选择开关在"remote"位置；

（7）监控系统发出合闸令；

（8）检查启动母线分段闸刀合闸正常。

（二）远方自动分闸操作

（1）检查 SFC 输出开关在分闸位置；

（2）监控系统发出分闸令；

（3）检查启动母线分段闸刀分闸正常。

（三）现地电动操作

（1）检查 SFC 输出开关在分闸位置；

（2）检查与启动母线相连机组的拖动、被拖动闸刀在分闸位置；

（3）检查启动母线分段闸刀两侧接地开关在分闸位置；

（4）检查启动母线分段闸刀现地控制盘电源开关在合上位置；

（5）检查启动母线分段闸刀现地控制盘上选择开关在"local"位置；

（6）通过现地控制盘上操作把手合上或拉开闸刀；

（7）检查启动母线分段闸刀动作正常。

（四）现地手动操作

（1）检查 SFC 输出开关在分闸位置；

（2）检查与启动母线相连机组的拖动、被拖动闸刀在分闸位置；

（3）检查启动母线分段闸刀两侧接地开关在分闸位置；

（4）检查启动母线分段闸刀现地控制盘上选择开关在"MANUAL"位置；

（5）将手柄插入手动操作孔逐相进行操作并检查操作到位。

注意：启动母线分段闸刀现地手动操作仅用于维护试验，严禁正常运行时操作。

九、启动母线接地开关的操作

（一）现地电动操作

（1）检查对应启动母线接地开关现地控制盘内的电源开关在合上位置；

（2）检查对应的启动母线接地开关现地控制盘上选择开关在"local"位置；

（3）检查同一启动母线上的所有机组拖动闸刀、被拖动闸刀以及启动母线闸刀在分闸位置；

（4）检查闭锁条件满足；

（5）通过现地控制盘上操作把手合上或拉开闸刀；

（6）检查接地开关三相实际位置正常。

（二）现地手动操作

（1）检查同一启动母线上的所有机组拖动闸刀、被拖动闸刀以及启动母线闸刀在分闸位置；

（2）检查闭锁条件满足；

（3）对应启动母线接地开关现地控制盘上选择开关切至"MANUAL"位置；

（4）将操作摇柄插入该接地开关的手动操作孔内进行操作并检查操作到位。

备注：启动母线接地开关正常在现地盘柜上进行电动分/合操作，严禁在远方进行操作。

第三节　母线及启动设备典型事故处理

在处理母线及启动设备故障时，应首先根据母线及启动设备故障报文确定故障类别，分析故障原因，必要时应结合其他设备系统（如监控系统、保护系统等）采集的电气量进行对比分析，确定故障点，研判故障后果，然后根据故障后果严重程度进行分类处理。以下就母线及启动设备常见典型故障进行分析，并提出处理方法，以供参考学习。

一、分闸失灵故障

（一）故障现象

监控系统报断路器分闸失灵动作。

（二）原因分析

（1）分闸闭锁动作。

（2）直流控制电压过低。

（3）分闸线圈短路或断线。

（4）分闸回路断线、信号反馈回路异常、断路器控制接点和辅助接点接触不良。

（5）操动机构拒动。

（三）事故处理

（1）断路器带负荷运行时，分闸闭锁动作，立即拉开断路器控制电源开关并在线处理，若无法在线处理，汇报调度配合进行事故处理。可优先将同单元机组先停机，宜将该故障断路器的机组降负荷，按调度指令拉开该故障断路器的上一级断路器后，将该断路器隔离并恢复正常设备运行，在拉开上一级断路器时，应检查厂用电倒换情况。机组停机过程中，断路器分闸前，分闸闭锁动作，应立即拉开上一级断路器，事后汇报调度。

（2）直流控制电源过低时，应检查直流电源及其回路。

（3）在直流控制电压、分闸闭锁条件等无异常情况下，机组停机断路器分闸失灵时，运行人员应通过机械跳机方式再发一次跳闸指令，若断路器仍没有分闸，则立即拉开上一级断路器，事后再汇报调度。

二、断路器温升异常处理

（一）故障现象

现地检查或工业电视巡检发现断路器温升异常。

（二）原因分析

断路器触头接触不良。

（三）事故处理

（1）在确认测温准确的基础上，应立即汇报，申请机组停机。必要时按调度要求将机组与电网解列。

（2）停机后，将断路器隔离并进行检查、处理。

三、电源故障

（一）故障现象

监控简报报出"GCB控制柜隔离开关 / 接地开关操作回路电源故障"或"电制动开关电动机电源故障"或"电制动开关控制电源故障"。

（二）原因分析

（1）电源回路异常。

（2）电源本体故障。

（三）事故处理

（1）若机组在停机态时，值守人员立即汇报值长，并将该机组优先级设置最低，同时在生产管理系统中填写报缺单；值长组织人员现场查看，确认缺陷情况。

（2）若机组在启动过程中出现故障，导致启动失败，应启动备用机组并监视故障机组停机，值守人员汇报值长，值长组织现地检查确认；若无备用机组，且在短时间内缺陷无法消除，应提前汇报调度申请负荷计划调整。期间值长应与值守人员保持及时沟通，并安排应急处置和事故汇报。

四、换相隔离开关分 / 合闸操作失灵

（一）故障现象

换相隔离开关分 / 合闸操作失灵。

（二）原因分析

（1）操作马达故障或操作机构卡涩等。

（2）控制、操作回路故障。

（3）闭锁条件不满足。

（三）事故处理

（1）检查现地控制盘上各切换开关的位置是否正确，各操作电源是否正常。

（2）检查闭锁条件是否满足，必要时可通过短接端子的方式来解决。

（3）检查控制及操作回路是否正常。

（4）对操作马达及操作机构进行检查。

（5）如机组在停机过程中换相隔离开关无法拉开，在确认闭锁条件满足的情况下，可通过手动励磁分闸继电器拉开换相隔离开关。

（6）如机组在开机过程中换相隔离开关无法合上或非全相运行，应立即停机，并在闭锁条件满足的情况下，通过手动分开换相隔离开关。开机时严禁采用手动方式合换相隔离开关。

（7）及时通知检修处理。

第四节　母线及启动设备布置、结构及二次原理

一、母线及启动设备的结构

母线及启动设备主要分为发电机出口设备、主变压器低压侧设备、启动母线设备。

发电电动机出口主要包括：离相封闭母线、机组出口开关、换相隔离开关、拖动隔离开关、电气制动开关、开关机组侧接地开关、开关换相隔离开关侧接地开关、避雷器和电容器、电压互感器、电流互感器及母线干燥装置。

主变压器低压侧设备主要包括：厂用变压器及 SFC 输入隔离开关、主变压器低压侧电压互感器、电抗器及避雷器。

启动母线设备主要包括：拖动隔离开关、被拖动隔离开关、启动母线分段隔离开关及接地开关、离相封闭母线等。

（一）GCB

大多数抽水蓄能电站都配备有 GCB 并装设在发电机出口处，以减少机组启停时对主变压器的冲击，承担正常运行时的切换操作、短路故障跳闸及同期并网合闸等作用，当系统出

现故障时，可以迅速切断机组与主变压器的联系，保护机组和主变压器，但也有个别抽水蓄能电站没有配备 GCB，而是将发电机同期并网点放在主变压器高压侧开关。

发电机出口开关选型主要依据额定电压、额定电流和额定遮断电流，还要考虑安装布置空间。目前，市场上有两种类型的发电机出口断路器，一种是较早期的压缩空气断路器，另一种是近期发展的 SF_6 气体断路器。两者比较，压缩空气断路器虽然运行参数高，但体积尺寸大，占地空间多，附属设备复杂，运行操作噪声大，容易产生危险的截流操作过电压且价格昂贵；SF_6 气体断路器性能参数适宜，体积尺寸小，附属设备简单，运行操作噪声较小，且操作寿命长，便于安装维护，逐步取代压缩空气断路器。

（二）换相隔离开关

换相隔离开关为抽水蓄能电站特有的设备，能满足抽水蓄能机组发电方向和抽水方向运行时对相序的不同要求。抽水蓄能电站的换相隔离开关为五极隔离开关，五极分别为 A、B、C、CA，其中 A、B、C 用于发电方向，C、B、A 用于抽水方向，B 相隔离开关为发电方向和抽水方向运行工况所公用。

1. 结构

换相隔离开关与发电机出口开关类似，安装在离相封闭母线外壳内，适合于与离相封闭母线连接。其主体部分由动、静触头两个圆环形触头组成。动触头位于主变压器侧，分别由绝缘子固定在外壳底面，触头对接为触指式，接触灵活可靠，换相隔离开关断口为气隙，正对断口位置的母线外壳上设有观察窗，用于观察隔离开关动、静触头的实际位置。

2. 控制系统

换相隔离开关的控制不同于普通隔离开关，由于它存在着两个方向的操作，因此为了防止五极隔离开关同时合上，在隔离开关控制回路中专门设置了发电方向及抽水方向选择双稳态继电器，保证换相隔离开关只能合于其中一个方向，确保换相隔离开关操作安全。

（三）电气制动开关

抽水蓄能机组正常停机通常采用电气制动和机械制动的联合制动停机方式，电气制动开关在机组正常停机过程中转速低于 50% 额度转速时合上，与励磁系统配合以实现电气制动，将发电机转子的机械能转换为热能消耗在定子绕组上，达到快速制动停机的目的。

1. 结构

电气制动开关采用三相联动操作。隔离开关本体由动触头、静触头、弧触头组成。在机组正常停机过程中转速低于 50% 额定转速合上电气制动开关时，弧触头首先合上接触电流，之后再合动触头，分闸时首先分开动触头，再分开弧触头拉开电弧。

2. 控制系统

在正常运行方式下，电气制动开关的分合是由机组励磁系统来控制的。电气制动的投入方式是只有当机组不存在电气跳闸，且励磁系统自身不存在闭锁电气制动投入的信号，当机组转速小于 50% 额度转速时，监控系统会发出一个电气制动投入的信号给励磁系统再由励磁系统发令合上电气制动开关。当机组转速低于 1% 额定值时，由励磁系统发令拉开电气制动开关。电气制动开关可以现地 / 远方电动操作，也可以现地手动摇柄操作。

（四）启动母线隔离开关

启动母线隔离开关包括拖动隔离开关、被拖动隔离开关、启动母线分段隔离开关和分支母线隔离开关，是抽水蓄能电站的特有设备。该设备是为了满足抽水蓄能机组抽水方向启动而设置的，包括 SFC 启动和背靠背启动。由于抽水蓄能机组分为发电和抽水两个方向，机组旋转方向不同，因此在启动母线上被拖动隔离开关靠机组侧已进行固定换相，即在启动母线上进行 A/C 相互换，其作用类似于 PRD，这样 SFC 输出的正序电流经过被拖动隔离开关后成为负序电流，保证被拖动机组在抽水方向运行，启动母线隔离开关可以现地远方电动操作，也可以现地手动操作。

（五）避雷器和电容器

主变压器低压侧装设避雷器是为了限制入侵雷电波的幅值，同时限制操作过电压；在发电机出口开关上并接一个电容器是为了限制断路器暂态开断恢复电压上升率。避雷器并接在被保护设备与大地之间，当过电压产生时避雷器动作，使电流经其泄入大地，从而限制过电压的幅值，使避雷器上的残压不超过被保护设备的冲击放电电压。

（六）电压互感器

电压互感器分电磁式和电容式两种。抽水蓄能电站发电机出口电压互感器一般选用电磁式电压互感器。电压互感器主要用于电气设备的保护、测量、调节和控制。

（七）电流互感器

抽水蓄能电站发电机出口电流互感器一般选用穿心式电流互感器，适合于离相封闭母线安装。电流互感器主要用于电气设备的测量和保护。在一般情况下测量仪表与保护装置宜分别接于不同的二次绕组，否则应采取相应措施，避免相互影响。

二、母线及启动设备二次原理

以出口开关控制图二次原理（见图 6-4-1）为例，介绍母线及启动设备二次原理。

经 X5：3 送来的正电源串接现地手动合闸继电器 K11 的 4/7，5/8，6/9 三副常开节点，再接入外部闭锁端子 X11：5，送达 X11：6。另一路经 X5：2 送来的正电源接入 X11：1。

X11：6 与 X11：1 并接后，串接监控节点后回到 X11：2，再串接常开节点 K91C：13/14，K92C：13/14，K93C：13/14，K94C：23/24，K95C：23/24（PRD 五极全分）；或者串接 K92A：13/14，K91A：13/14，K92A：23/24（PRD 合于发电方向）；或者串接 K92A：13/14，K94A：13/14，K95A：13/14（PRD 合于抽水方向），回到 X1：11。

从 X1：11 分出三条回路，一条串接 +QOA-S0 的常开节点 7/8 后回到 X1：12，再接入继电器 K1，回到 X1：2，即负极。另一条经继电器 K1 的常开接点 13/14，再接入继电器 K1，回到 X1：2，即负极。

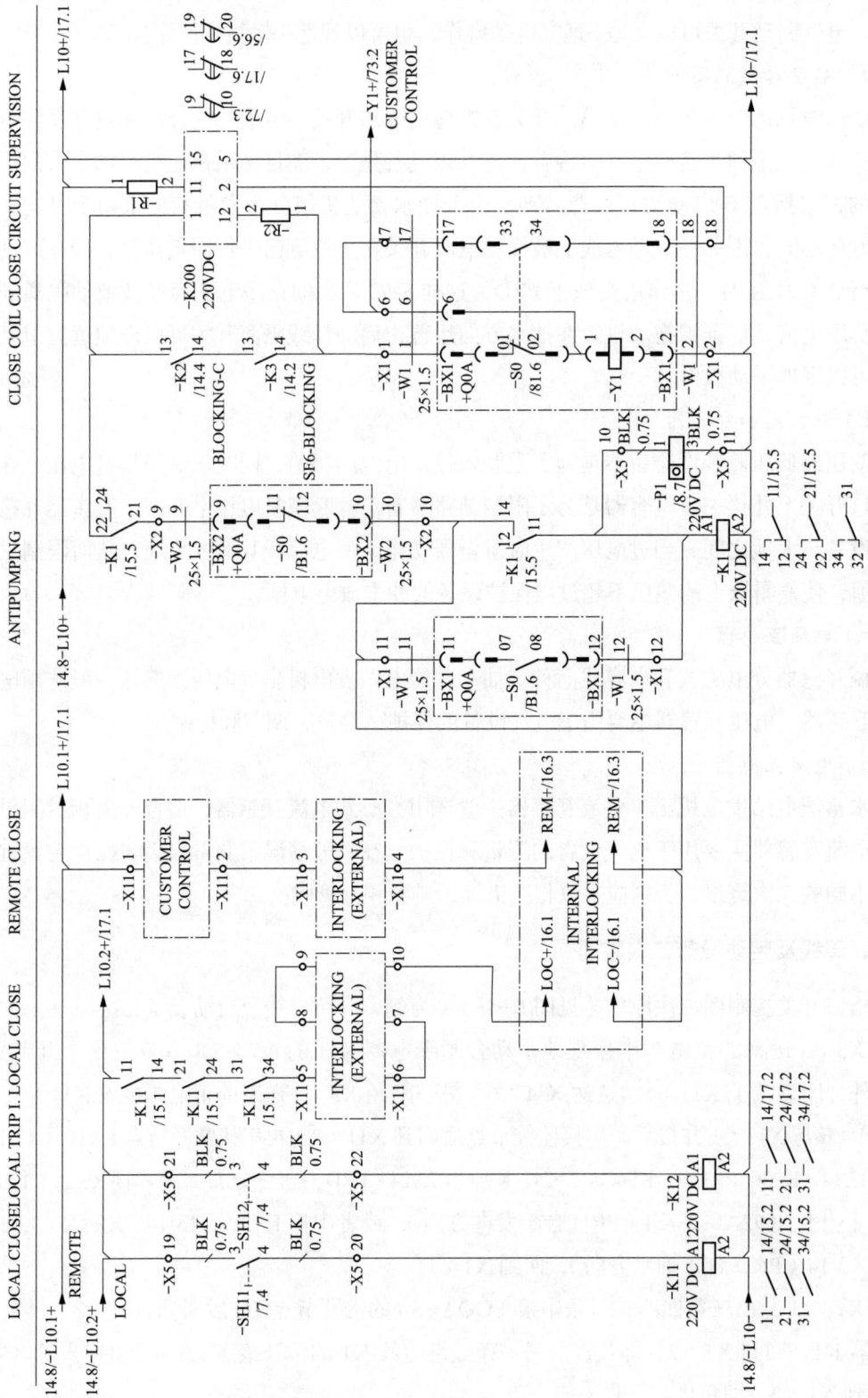

图 6-4-1　出口开关控制图二次原理

第三条经继电器 K1 的常闭接点 21/22（防反复合闸），串接继电器 K2 的常开接点 13/14（碟簧松动闭锁合闸），再串接继电器 K3 的常开接点 13/14（SF_6 气压低），送达 X101：21，接入 +QOB-S1：31/32 常闭节点（EBB 本体在分位），回到 X101：19，再送达 X1：1，再接入 +QOB-S1：1/2 常闭节点（GCB 本体在分位），在常闭节点 2 处又分为两路，一路接入合闸继线圈 Y1，最回到 X1：2（负极）。另一路送达 X1：6，再经 X5：21 接入计数器 P1，最后到 X5：22，回到负极。

即：监控或现地合闸信号经过 PRD 五极分闸（或合于发电 / 抽水方向）节点，送达 K1 的常闭接点 21/22，在没有 SF_6 气压低及碟簧松动闭锁条件下，还要求 EBB 在分位，最后经过 GCB 本体在分位的判别，送达合闸线圈，使 GCB 动作合闸。同时 GCB 合闸次数计数器动作计数一次。在 GCB 合闸到位后，本体常开节点 7/8 闭合，使 K1 励磁，跳开常闭接点 21/22，使合闸回路断开；同时接通常开接点 13/14，使 K1 保持励磁。

第五节　母线及启动设备日常维护

各电站母线及启动设备的具体设计不同，日常维护的内容也不尽相同，本小节仅对母线及启动设备一般性的日常维护工作进行梳理，实际的日常维护工作要根据具体母线及启动设备要求制定。

一、母线及启动设备日常维护项目与周期

母线及启动设备日常维护主要有点检、定检等。

母线及启动设备日常维护工作因项目不同周期也不同。一般的点检通常为一周一次，定检通常为一月一次或按设备制造厂规定执行。

二、母线及启动设备日常维护方法及要求

母线及启动设备日常维护主要包含以下内容：

1. 母线洞及母线廊道设备

（1）检查母线伸缩节外套完好无破裂；

（2）检查母线洞及母线廊道通风、照明良好；

（3）检查母线外壳完好，无破裂；

（4）检查各开关、隔离开关监视孔膜完好、无破裂；

（5）检查母线外壳无裂缝，无漏气；

（6）检查母线洞及母线廊道所有外壳接地良好，接地线及接地端无氧化、无断股或电晕现象；

2. 发电机出口断路器及其现地控制盘

（1）检查发电机出口断路器弹簧压紧，无漏油现象；

（2）检查发电机出口断路器 SF_6 气压在正常区域（绿色区域）；

（3）检查发电机出口断路器及接地开关操作连杆机构完好；

（4）检查各螺栓、螺母等紧固件无松动、脱落；

（5）检查发电机出口断路器各操作、监视传感器连接管路无破裂、无漏气；

（6）定期记录液压泵运行时间计数器和启动次数器读数；

（7）检查发电机出口断路器及接地开关指示器与现场控制盘指示灯相符；

（8）检查发电机出口断路器及接地开关的现场指示器与机组运行情况相符；

（9）检查发电机出口断路器、电气制动开关及换向隔离开关现地控制柜上的选择开关在"remote"位置（正常运行时）。

3. 隔离开关

（1）检查隔离开关位置指示器与控制盘上指示灯指示相符；

（2）检查隔离开关位置指示器与当时机组运行情况相符；

（3）检查隔离开关操作机构完好，各螺栓、螺母等紧固件无松动、脱落；

（4）检查隔离开关操作马达运转正常，无异常声音；

（5）现地控制盘上的各控制开关位置正确，正常运行时处于"remote"位置，且加锁防误动；

（6）检查现场控制柜上手动摇杆无丢失、无损坏；

（7）检查隔离开关静、动触头无明显烧损、无氧化，触头固定件无松动、变位。

4. 机端压变柜、避雷器柜

（1）检查机端压变柜盘柜内清洁、无异味、无异常声音；

（2）检查机端压变柜二次端子箱内接线完好，无脱落、无异味；

（3）检查并记录避雷器柜内避雷器的动作次数。

第六节　母线及启动设备检修

一、母线及启动设备的检修等级与周期

为保证母线及启动设备的正常运行，应对母线及启动设备进行检修，以便及早发现缺陷，及早处理。母线及启动设备的检修包括大修（A 修）及小修（C 修）。

母线及启动设备大修推荐采用计划检修与状态检修相结合的检修策略，其中状态检修策略的年度检修计划每年至少修订一次，根据每一个状态量最近一次评价结果，考虑设备风险评估因素，并参照厂家的要求确定下一次停电检修时间和检修类别，主变压器低压侧电气设备检修项目应根据运行情况和状态评价的结果进行动态调整。大修的周期一般每 3 年 1 次或每 10 年一次。

母线及启动设备小修是指根据设备的运行状态或操作累计动作次数值，依据设备技术文

件的运行维护检查项目和要求进行的一般性检查、维护、保养和试验。主要对操作机构、控制回路、本体密封性、动静触头等进行检查维护。小修的周期一般每 1 年 1 次。

二、母线及启动设备的检修项目及工艺质量标准

（一）GCB 检修

应掌握相关的标准，设备检测方法，建立设备运行技术台账，分析设备运行状态，同时应深刻理解设备的原理、结构、控制、逻辑、接口等，具备对设备进行大修、技改的能力，能够合理的安排检修周期，管理好备品备件，以满足设备检修、技改的要求，便于设备故障分析、查找、处理及反措等。本节以 HECPS-3S 型发电机出口断路器为例。

1. 发电机出口断路器相关行业标准

（1）在机组背靠背启动过程中，断路器应能在频率为 0～52.5Hz 范围内可靠工作，启动回路发生短路时，断路器应能切断低频故障电流。

（2）断路器应能在机械和电气寿命范围内可靠工作。

（3）断路器操作次数和寿命应能适应频繁操作的要求，在频繁开断 15%～100% 负荷电流的情况下，断路器在产品技术要求范围内无需维修或更换部件。

（4）在断路器正常运行时，灭弧触头磨损程度、导电回路电阻应符合断路器产品技术要求。

（5）在灭弧室表面宜粘贴测试范围在 40～100℃的示温片。

（6）SF_6 断路器密度继电器的报警、闭锁值应符合断路器产品技术要求。

（7）断路器带电分、合闸操作应采用远方控制方式，现地手动操作方式仅用于检修及预防性试验状态下操作。

（8）断路器出现分、合闸操作闭锁时，严禁擅自解除闭锁进行操作。

2. 发电机出口断路器本体巡视检查

发电机出口断路器本体巡视检查项目，见表 6-6-1。

表 6-6-1 发电机出口断路器本体巡视检查技术要求

序号	巡视检查项目	技术要求
1	标示牌	名称、编号齐全、完好
2	灭弧室	无放电、无异音
3	分、合闸位置指示器	与实际运行方式相符
4	控制、信号电源	正常，无异常信号发出
5	现地控制柜	电源开关完好、名称标志齐全、封堵良好、箱门关闭严密
6	各连杆、传动机构	无弯曲、变形、锈蚀，轴销齐全，焊缝无裂纹
7	接地	螺栓压接良好，无锈蚀

续表

序号	巡视检查项目	技术要求
8	基础	无下沉、倾斜
9	SF$_6$气体压力表或密度表	在正常范围内，并记录压力值

序号	类别	巡视检查项目	技术要求
1	通用	机构箱	开启灵活无变形、密封良好，无锈迹、无异味、无凝露等
2		计数器	动作正确并记录动作次数
3		行程开关	无卡涩、变形
4		储能电源开关	位置正确
5		储能电机、储能指示器	电机运转正常，指示器正确指示
6		分、合闸引导阀	无漏气、漏油
7		二次接线	压接良好，无过热变色、断股现象
8		加热器	正常完好，投（停）正确
9	气动操动机构	接头、管路、阀门	无漏气现象
10		压力表	指示正常，并记录实际值
11		储气罐	无漏气，按规定放水、排污
12		空压机	运转正常，计数器动作正常并记录次数
13		机构压力	正常
14	液压操动机构	接头、管路、阀门	无渗油现象
15		油箱油位	在上下限之间，无渗（漏）油
16		油泵	正常、无渗漏
17		活塞杆、工作缸	无渗漏
18		机构压力	正常
19	液压弹簧操动机构	弹簧	完好，正常，储能正常
20		接头、管路、阀门	无渗油现象
21		油箱油位	在上下限之间，无渗（漏）油
22		油泵	正常、无渗漏
23		活塞杆、工作缸	无渗漏
24		机构压力	正常
25	电动弹簧操动机构	弹簧	完好，正常

3. 发电机出口断路器状态监测方法

抽水蓄能电站在电网中的作用，机组启停频繁，机组抽水停机时，GCB 分闸时所带负荷较大（通常为 30%～50% 额定负荷），对机组 GCB 触头磨损较大，为了保证安全运行，应对 GCB 的状况加强监视，根据相应标准、制造商规定及相关经验，对 GCB 本体的检测方法主要有以下几种：

（1）导电回路电阻试验：导电回路电阻试验检测 GCB 主触头的接触状况，具体试验结果的判断要根据制造厂规定。

（2）动态电阻试验：动态电阻测试是检测弧触头的磨损程度，针对抽水蓄能电厂机组启动频繁、GCB 分合次数较多的运行情况，灭弧触头磨损情况需要加强关注，进行动态电阻试验很有必要，试验方法、标准都是按照制造商的规定。

（3）监测温升方法：为了解和监测 GCB 在运行过程中的温升状态，在断路器灭弧室外贴试温片，观测 GCB 运行中的温度，从而了解主触头的电接触情况。

（4）通过累计开断电流评估 GCB 寿命的方法：根据制造商提供的寿命曲线和折算公式，可以通过累计 GCB 的开断电流大小和次数来计算其寿命。

4. 发电机出口断路器检修作业标准

发电机出口断路器检修作业标准，见表 6-6-2。

表 6-6-2　　　　　　　　　发电机出口断路器检修标准作业内容及步骤

工序	检修步骤及内容	质量标准 / 危险源 / 质量验收 / 备注
一	大修前工作准备	
1	断路器吊点安装	进入无 SF$_6$ 气体含量显示器的配电装置室先通风 15min，并用检漏仪测量 SF$_6$ 气体含量合格
2	准备 1 台完好的 SF$_6$ 气体回收装置、抽真空装置、1 瓶合格的 SF$_6$ 气体	
3	检修必需的安全措施已经满足具备、备品配件及操作把手已放置在现场	
4	拆除断路器盖板	
二	检修前试验	
1	测试断路器的动态电阻值和接触电阻值	对测试数据做好记录并和修后试验数据进行比对
2	测试断路器分、合闸时间	
3	测试断路器分、合闸速度	
4	测断路器 SF$_6$ 气体微水含量	
5	测断路器线圈动作电压	
三	断路器本体大修	
1	确认现场安全措施、确认备品配件已经到现场，验收合格	
2	断开断路器控制回路交直流电源、释放断路器操作机构压力	

续表

工序	检修步骤及内容	质量标准 / 危险源 / 质量验收 / 备注
3	回收断路器内部 SF_6 气体	回收设备内 SF_6 时，作业人员应站在上风侧
4	灭弧室拆除和吊装	人员在工作过程中要使用防护手套、GCB 灭弧室要安放牢固，防止侧倾
5	灭弧室解体检修	
6	更换主触头触指及导电环、更换灭弧触头两端	
7	更换灭弧室内的密封件、更换吸附剂	取出吸附剂和清除粉末时，检修人员应戴防毒面具或正压式空气呼吸器和防护手套
8	使用干净的洁净布对内部进行清扫	清出的吸附剂、金属粉末等废物放入 20% 氢氧化钠水溶液中浸泡 12h 后深埋
9	灭弧室回装	回装时每个螺栓必须用力矩扳手检查
10	使用真空泵对灭弧室进行抽真空，对 SF_6 灭弧室重新充合格的 SF_6 气体	充至运输压力指示范围内
11	断路器 SF_6 气体微水含量测试，SF_6 气体泄漏试验	含水量应小于 300PPM，充气完毕后 24h 进行测量
12	回装断路器三相灭弧室并重新调整断路器操作连杆	
四	大修后试验	
1	电机绝缘电阻测量	对测试数据做好记录并和修前试验数据进行比对
2	断路器辅助回路和控制回路交流耐压试验	
3	测试断路器的动态电阻值和接触电阻值	
4	测试断路器分、合闸时间	
5	测试断路器分、合闸速度	
6	断路器工频耐压试验	
7	断路器操作机构分、合闸线圈的动作电压测试	
8	低压闭锁试验测试	
9	恢复断路器并联电容器接线，回装断路器两侧软连接，回装断路器盖板	软连接螺栓紧固力矩为 80N·m，GCB 软连接对地安全距离符合相关标准
五	出口断路器联动试验	

5. 发电机出口断路器检修作业过程

GCB 灭弧室大修一般采用先将备件灭弧室更换到相应机组，再将换出来 GCB 灭弧室在仓库进行解体检修。检修后的灭弧室再作为备件，待下台机组 GCB 检修时以此轮换。这样检修的好处是缩短了现场的检修时间，提高经济效益。

（1）断路器灭弧室拆除，如图 6-6-3 所示。对断路器灭弧室 SF_6 气体进行回收，拆除 GCB

操作连杆断开与操作机构的连接，拆除 GCB 盖板，拆除 GCB 电容，将 GCB 灭弧室拆除吊出。

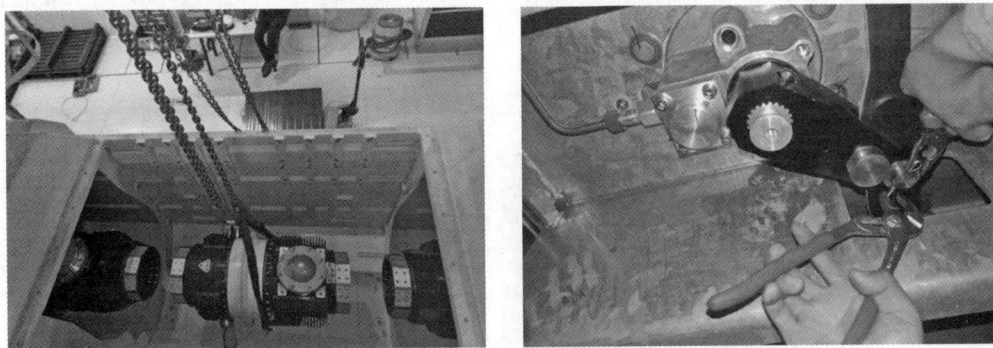

图 6-6-3 断路器灭弧室拆除

（2）断路器主触头及触指更换。拆除主导电回路触指，共 280 个触指，触指分引弧触指和主触指，主触指是铜镀银，引弧触指一端有钨合金，先导通后分开，其中有 56 个引弧触指。

用百洁布和酒精清洗触指，更换有磨损的主触指，更换全部引弧触指，同时清洗灭弧室两侧的绝缘子，触指更换前后对比如图 6-6-4 所示。

图 6-6-4 新旧触指对比

（3）灭弧触头的更换。拆除灭弧触头，灭弧触头材质是铜钨合金，更换灭弧触头两端，更换前后对比如图 6-6-5 所示。

新旧静灭弧触头对比

图 6-6-5 新旧触头对比

（4）吸附剂的更换。吸附剂起干燥灭弧室的作用，拆开吸附剂的盖板，更换吸附剂，一共 12 包，废旧的吸附剂、金属粉末等废弃物放入 20% 氢氧化钠水溶液中浸泡 12h 后进行深埋。

（5）灭弧室回装，如图 6-6-6 所示。

图 6-6-6　灭弧室回装

主要部件更换完毕后，对灭弧室进行回装，回装时应根据厂家提供的安装手册，逐项完成，关键部位的密封圈应仔细检查，防止褶皱与漏气。对应的螺栓应采用力矩扳手校验其力矩大小。

回装结束后，首先要对灭弧室进行真空处理，使用专用的 SF_6 气体回收装置车，可对灭弧室进行真空处理，一般抽真空时间应超过 12h，或灭弧室内真空度降至 2% 以下时，可视为内部已真空。灭弧室内部真空后，回冲 SF_6 气体，一般应将灭弧室充到运输压力（HECPS-3S 型 GCB 运输压力为 0.2MPa），作为备件的灭弧室一般不充到额定压力，防止在运输过程中受力不均匀而发生泄漏现象。

（二）电气制动开关检修

对于使用电气制动开关（EBI）的抽水蓄能电站，在运行中应重点关注 EBI 的触头氧化、温升和烧蚀情况，并有针对性地安排大修计划，下面以某抽水蓄能电站使用的法国斯第西姆（SDCEM）公司提供的 SB250 型电气制动开关为例，介绍其大修相关内容。

1. 检修原则

电气制动开关动作次数超过 10000 次，其导流回路及转动部分需进行大修，在大修前电气制动开关的操作次数和运行时间均已接近或超过制造厂维护文件规定的大修标准。电气制动开关运行电流很大（10000A 左右），为确保电气制动开关的安全可靠运行，根据厂家的维护说明要求，应进行大修，对其导流回路及转动部分进行更换。SB250 型电气制动开关主要部件图如图 6-6-7 所示。

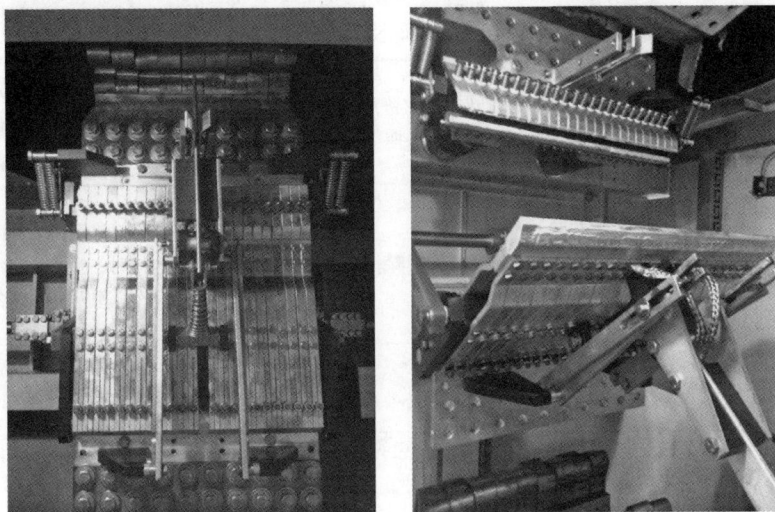

图 6-6-7　SB250 型电气制动开关主要部件图

（三）操作步骤及工艺标准

SB250 型电气制动开关大修的操作步骤及工艺标准见表 6-6-3。

表 6-6-3　　　　　　SB250 型电气制动开关大修的操作步骤及工艺标准

序号	检修工序	质量标准	注意事项	H/W
一	前期准备工作			
1	检查工器具和备品备件准备是否齐全	备品备件及安全工器具准备齐全，符合技术要求，新的绝缘子已做过耐压试验且数据合格，其他各项验收数据合格	在×号母线洞合适位置围出检修备品备件放置区域，该区域内地面用塑料布敷设，并设置合适警示标志	
2	工作票负责人与工作票许可人现场确认检修设备隔离状态已满足检修工作要求，核对检修设备名称和编号，办理工作票许可手续	严格执行"两票三制"		
3	向工作班成员交代工作内容和检修工作地点，进行危险点分析交代并签字确认	每个工作班成员对工作内容、工作地点及工作危险点均清楚		
4	进行作业人员分工	分工合理		
5	确认工作位置			
6	打开×号机电气制动开关本体盖板		逐相打开盖板，若螺栓有缺失，应予以补齐或做好标记	

续表

序号	检修工序	质量标准	注意事项	H/W
二	主导电回路、辅助触头及其相关连接部件的拆除及更换			
1	依次拆开电气制动开关主导电回路动、静触头两侧的软连接	电气制动开关动、静触头两侧的软连接全部拆开并用布条捆绑固定	拆下的自锁螺栓应配对组合好并集中放置，螺杆和螺母禁止分开放置	
2	依次将电气制动开关主导电回路动、静触头及其连接部件、绝缘拉杆、辅助触头拆除	操作规范，正确拆除相关部件	拆下来的螺栓和螺母应集中放置，拆除时，应至少3人配合，防止掉落砸伤人员和设备	
3	拆除环氧绝缘子	逐个拆除	防止绝缘子掉落砸伤人员和设备	
4	安装新的环氧绝缘子	绝缘子绝缘试验合格，安装牢固可靠，方向垂直		
5	将电气制动开关静触头两端固定在支持绝缘子上	安装牢固可靠，连接螺栓紧固		
6	安装电气制动开关的动触头	1）安装完成后，需确保动、静触头合闸后在同一水平线上。2）各连接螺栓紧固		
7	安装电气制动开关绝缘拉杆	动、静触头在同一水平线上，动触头与静触头压紧弹簧接触良好，无发卡、变位现象，相关垫片、销钉、轴安装准确，压紧弹簧分布均匀，无扭曲现象，绝缘拉杆安装牢固可靠，动作过程中无异响和松动现象		
三	电动操作机构MR180的拆除和更换			
1	AS10盘柜外部控制电缆拆除	拆除外部电缆，做好标记和记录，拆除后每根芯线均用绝缘胶布包好	做好安全防护，拆除前应用万用表测量每根线芯是否带电（交流或直流），禁止直接接触电缆芯线，要防止被拆除的每根电缆芯线号码套管脱落	
2	将AS10盘柜外部控制电缆拔出	电缆无破损，电缆牌完整，整根电缆抽出后用布条包裹好并固定		
3	拆除旧的操作机构箱		注意安全，防止操作机构箱掉落砸伤	
4	安装新的操作机构箱	安装牢固，操作机构传动方向正确	注意传动机构传动方向安装正确，防止反向	

序号	检修工序	质量标准	注意事项	H/W
5	隔离开关操作机构分、合配合调节	（1）隔离开关分、合闸状态，操作机构的限位开关和隔离开关本体的位置反馈开关能够正确动作。 （2）隔离开关各电气连接紧固无松动，转动部分灵活，无锈蚀、变形和卡涩现象；齿轮、蜗轮、蜗杆及定位件等无损坏，啮合情况良好		
6	马达电机绝缘试验	绝缘合格（≥0.5MΩ）		
7	AS10盘柜外部控制电缆回装	回装正确，端子紧固，无虚接和压皮现象		
四	软连接回装			
1	依次回装电气制动开关触头两侧的软连接	（1）螺栓紧固，力矩符合要求（100N·m）。 （2）软连接镀银层没有剥落，表面平整。 （3）软连接无机械损伤，无电蚀和过热现象。 （4）每个自锁螺栓用记号笔做好标记		H
五	一次连接部分检查、紧固			
1	电气制动开关一次连接部分检查、紧固	检查一次元器件安装完好无损，一次连接部分螺栓紧固，软连接无机械损伤，无电蚀和过热现象		
2	检查电气制动开关动触头与绝缘拉杆连接情况	螺栓紧固，无松动，转动部位灵活可靠，无锈蚀，绝缘拉杆表面清洁无污垢，无损伤、裂纹和放电痕迹		
3	检查电气制动开关支座	支座无裂纹，固定螺丝无缺失和松动现象		
4	清洁隔离开关触头表面，检查导电部分接触面应清洁、平整、无烧伤和过热痕迹	接触面应清洁、平整、无烧伤和过热痕迹		
5	检查静触头触指弹簧	弹簧安装无偏斜，螺栓紧固均匀，弹簧预紧力足够，触指分布均匀	应注意检查动静触头接触后，触指是否均匀分布，弹簧预紧力足够，没有接触不良现象	
6	检查辅助触头内的缓冲挡块有无开裂，检查分、合弹簧有无断裂	挡块无裂纹、弹簧无断裂，螺栓紧固		

序号	检修工序	质量标准	注意事项	H/W
7	检查各连接拐臂、传动连杆、锁定销钉（开口销、内六角销）、联板、轴、垫片	无弯曲、变形或断裂现象，销钉、垫片无缺失		
8	绝缘子清扫检查	支持绝缘子表面清洁无污垢，无损伤、裂纹和放电痕迹，螺栓已紧固		
9	清除接触面的氧化层，在动静触头表面抹上专用的导电脂	动静触头表面无锈蚀、氧化，导电脂涂抹均匀		
六	机构操作试验			
1	操作机构箱检查	（1）转动部件各螺栓、销钉连接牢固可靠。（2）二次接线连接正确、牢固可靠。（3）缓冲垫无老化、破裂现象。（4）合分指示灯工作状态正常		
2	用摇柄手动操作隔离开关检查传动机构	各电气连接紧固无松动，转动部分灵活，无锈蚀、变形和卡涩现象；齿轮、蜗轮、蜗杆及定位件等无损坏，啮合情况良好	做好沟通，防止隔离开关动作伤人	
3	检查限位开关动作与隔离开关的位置是否合适	限位开关动作正常、合适，无过紧或过松现象	做好沟通，防止隔离开关动作伤人	
4	电动分合隔离开关，检查隔离开关传动机构及辅助开关动作情况	各电气连接紧固无松动，转动部分灵活，无锈蚀、变形和卡涩现象；齿轮、蜗轮、蜗杆及定位件等无损坏，啮合情况良好，辅助开关在分合时能正确转换	做好沟通，防止隔离开关动作伤人	
5	检查电气制动开关三相分、合时同期一致性	三相分、合闸同期性一致	若分、合闸同期性不一致，可通过调整隔离开关动作快慢的螺丝进行调整	
6	电动分合隔离开关，用钳形电流表检查电机运行时的电流大小	电机运行电流正常，额定电流为1.4A左右		
七	隔离开关电气绝缘试验及回路电阻测量			
1	隔离开关绝缘试验（耐压前后各做一次）及交流耐压试验	（1）2500V，绝缘不小于20MΩ，耐压后与耐压前绝缘电阻不发生明显变化。（2）交流耐压试验，电压50kV，耐压时间1min，不发生击穿现象	1）确认隔离开关本体处所有人员已撤离。2）高压试验，应设专人监护，做好遮拦和警示标志的设置，防止无关人员进入	W

序号	检修工序	质量标准	注意事项	H/W
2	隔离开关导电回路电阻测试	（1）测试电流为 100A 直流。 （2）导电回路电阻一般不大于 $10\mu\Omega$	1）确认隔离开关本体处所有人员已撤离。 2）高压试验，应设专人监护，做好遮拦和警示标志的设置，防止无关人员进入	W
八	二次接线端子箱清扫、检查及处理			
1	控制盘清扫、检查和处理	（1）盘柜内无积尘，各接线端子无过热、放电现象，无虚接。 （2）盘柜加热器和照明工作正常，盘柜封堵和柜门密封完好		
2	检查工作范围内所有二次接线端子箱内电源开关、接触器、指示灯等元器件有无损坏	元器件能够正常工作，固定牢固，无过热痕迹，无异常焦味	特别检查接触器有无过热烧损现象	
3	检查工作范围内所有二次接线端子箱内二次回路接线	二次接线应紧固，无松脱、压皮、虚接、错接现象		
4	检查控制盘各指示灯显示是否正确	指示灯显示与隔离开关实际位置一致		
5	检查电气制动开关在合闸或分闸位置时 AS14-K0101 均在励磁状态，K0100 在失磁状态，AS14-X0002 的 7、8 号端子不通	继电器能够正确动作，接点可以正常导通或断开		
6	检查电气制动刀在中间位置或三相不一致时 AS14-K0101 均在失磁状态，K0100 在励磁状态，AS14-X0002 的 7、8 号端子导通	继电器能够正确动作，接点可以正常导通或断开		
7	检查隔离开关控制方式与运行许可时一致	隔离开关控制方式与运行许可时一致		
8	3 号机电气制动开关的母线盖板回装	没有遗漏的物品和工器具，盖板密封条敷设均匀，无挤压扭曲现象，盖板螺栓紧固无缺失，若螺栓缺失，观察孔玻璃破损应及时处理，予以更换或补齐	封盖板之前通知相关人员进行验收，验收合格后回装	H
九	检修工作验收			

119

续表

序号	检修工序	质量标准	注意事项	H/W
1	检修工作完成后，通知相关人员对检修结果进行验收		验收人员应及时在验收单上签字确认，相关盘柜验收合格后应立即进行封柜	
十	工作终结			
1	清理工作现场	工作人员和工具材料撤离工作现场，做到"工完场清"		
2	工作终结手续办理	与运行值班人员进行检修交待并确认，并办理工作终结手续	工作负责人应向运行人员交待检修设备的状态、投运后的注意事项、检修过程中发现缺陷及消缺情况（必要时要以书面形式）	
3	作业现场工作结束	检查相关记录表格和验收单	相关数据记录齐全无遗漏，字迹工整，各级验收人员均已签名确认	

第七节　母线及启动设备试验

母线及启动设备试验是验证母线及启动设备产品性能是否符合有关标准或技术条件的规定和要求，发现母线及启动设备结构和制造上是否存在影响母线及启动设备正常运行的缺陷。母线及启动设备试验分为出厂试验、交接试验和预防性试验。

一、出厂试验

（一）出厂试验

根据标准和产品技术条件规定的试验项目，每种设备出厂前都必须进行出厂试验，目的在于检查设计、工艺、制造的质量。

母线开关、闸刀、接地开关、母线出厂试验项目：

（1）外形尺寸和外观质量的检查；

（2）合闸分闸时间测量；

（3）主回路工频耐压试验及局部放电试验；

（4）辅助和控制回路的耐压试验；

（5）主回路电阻的测量；

（6）机械操作试验。

避雷器出厂试验项目：

（1）测量金属氧化物避雷器及基座绝缘电阻；

（2）测量金属氧化物避雷器的工频参考电压和持续电流；

（3）测量金属氧化物避雷器直流参考电压和0.75倍直流参考电压下的泄漏电流；

（4）检查放电计数器动作情况及监视电流表指示。

其中，第（2）、（3）两款可选做一项。

（二）型式试验

根据标准和产品技术条件规定的试验项目，在一台具有代表性的设备上进行型式试验，对产品结构作鉴定试验，目的在于检查结构性能是否符合标准和产品技术条件。

（三）特殊试验

根据产品使用或结构特点，在出厂试验项目和型式试验项目外可能会另行增加一些特殊试验项目。具体的试验项目往往由制造厂和用户协商确定。

二、交接试验

母线及启动设备交接试验按照 GB 50150《电气装置安装工程 电气设备交接试验标准》的规定进行，其试验项目为：

1. 母线闸刀、接地开关试验项目

（1）外形尺寸和外观质量的检查；

（2）合闸分闸时间测量；

（3）主回路工频耐压试验及局部放电试验；

（4）辅助和控制回路的耐压试验；

（5）主回路电阻的测量；

（6）机械操作试验。

2. GIS断路器试验项目

（1）测量绝缘电阻；

（2）测量每相导电回路的电阻；

（3）交流耐压试验；

（4）断路器均压电容器的试验；

（5）测量断路器的分、合闸时间；

（6）测量断路器的分、合闸速度；

（7）测量断路器主、辅触头分、合闸的同期性及配合时间；

（8）测量断路器合闸电阻的投入时间及电阻值；

（9）测量断路器分、合闸线圈绝缘电阻及直流电阻；

（10）断路器操动机构的试验；

（11）套管式电流互感器的试验；

（12）测量断路器内 SF_6 气体的含水量；

（13）密封性试验；

（14）气体密度继电器、压力表和压力动作阀的检查。

3. 避雷器试验项目

（1）测量金属氧化物避雷器及基座绝缘电阻；

（2）测量金属氧化物避雷器的工频参考电压和持续电流；

（3）测量金属氧化物避雷器直流参考电压和 0.75 倍直流参考电压下的泄漏电流；

（4）检查放电计数器动作情况及监视电流表指示；

（5）工频放电电压试验。

三、预防性试验

母线及启动设备预防性试验按照 Q/GDW 11150《水电站电气设备预防性试验规程》的规定进行，其试验项目如下：

1. 断路器试验

（1）断路器触头磨损量试验。

（2）主回路电阻测量。

（3）辅助回路和控制回路绝缘电阻。

（4）辅助回路和控制回路交流耐压试验。

（5）局部放电带电测试（110kV 以上罐式断路器、GIS）。

（6）耐压试验。

（7）断路器电容器的绝缘电阻、电容量和介质损耗因数。

（8）合闸电阻值和合闸电阻的投入时间。

（9）断路器的时间参量。

（10）断路器的分合闸速度特性。

（11）触头行程曲线及分、合闸线圈电流波形。

（12）SF_6 气体的湿度检测（20℃体积分数）。

（13）SF_6 气体泄漏试验。

（14）SF_6 气体成分分析。

（15）SF_6 气体密度继电器校验及压力表检查。

（16）GIS 中的互感器和避雷器试验。

（17）红外热成像检测。

2. 隔离开关、接地开关试验

（1）主回路电阻测量。

（2）有机材料支持绝缘子及提升杆的绝缘电阻。

（3）二次回路的绝缘电阻。

（4）二次回路交流耐压试验。

（5）交流耐压试验。

（6）红外热成像检测。

3．避雷器试验项目

（1）测量金属氧化物避雷器及基座绝缘电阻；

（2）测量金属氧化物避雷器的工频参考电压和持续电流；

（3）测量金属氧化物避雷器直流参考电压和 0.75 倍直流参考电压下的泄漏电流；

（4）检查放电计数器动作情况及监视电流表指示；

（5）工频放电电压试验。

第八节　母线及启动设备典型事故案例及反措

一、母线及启动设备事故分类

抽水蓄能电站母线及启动设备事故按照设备组成单元划分，主要包括启动闸刀事故、换相闸刀事故、出口开关事故等。

二、母线及启动设备典型事故案例汇总

（1）2015 年某电站 1 号机抽水调相启动过程中由于启动母线 1/2 号机组段接地开关控制柜内电机电源 B 相端子松动，导致启动母线 1/2 号机组段闸刀未分开，1 号机工况转换失败。日常维护中应加强接线端子检查，发生松动进行紧固处理。

（2）2016 年某电站 2 号机发电并网后由于 2 号机组出口开关断路器转换接点转换不到位，接点接触不可靠即合闸位置继电器不励磁，导致出口开关操作回路故障报警，需立即停运处理。日常维护中应加强设备操作机构检查，发生操作机构偏移应及时调整。

（3）2020 年某电站 3 号机抽水启动过程中因换相闸刀 C2 换相闸刀电机回路未投入制动，导致其驱动故障报警，3 号机工况转换失败。日常维护后应检查确认设备电气回路与机械结构已恢复正常。

（4）2022 年某电站 1 号机组抽水调相启动过程中由于控制柜内被拖动闸刀合闸继电器端子接触不良，导致被拖动闸刀合闸失败，1 号机工况转换失败。日常维护中应加强接线端子检查，发生松动进行紧固处理。

三、母线及启动设备事故处理注意事项

事故处理人员应熟悉设备工作原理、系统原理与接线图、设备说明书、事故处理方法及要求、工作的安全措施要求、处理后的试验方法及要求、相关仪器仪表的使用等，并能分析和解决事故处理过程中出现的技术问题。

根据事故范围的不同，处理前应能充分分析事故处理过程中存在的风险以及预控措施，确认工作条件及安全隔离措施满足实际工作要求。

四、母线及启动设备反事故措施要求

母线及启动设备运维应满足《防止电力生产事故的二十五项重点要求》（2023 版）、《国家电网有限公司水电厂重大反事故措施》等反措条文相关要求。

以下反措条款均取自《防止电力生产事故的二十五项重点要求》（2023 版）：

（1）户内布置的 GIS、六氟化硫（SF_6）开关设备室，应配置相应的 SF_6 泄漏检测报警、事故排风及氧含量检测系统。

（2）开关设备二次回路及元器件应满足以下要求：

1）应加强开关设备二次回路专业管理，断路器分、合闸控制回路应简单可靠，防止误动、拒动。应加强时间继电器等元器件选型管理，优化断路器本体三相不一致回路设计，定期开展维护检修。

2）列入国家市场监督管理总局强制性产品认证目录的二次元件应取得"3C"认证，外壳绝缘材料阻燃等级应满足 V-0 级塑料阻燃等级要求。

3）新订货断路器机构动作次数计数器不应带有复归功能。

4）断路器分、合闸控制回路的端子间应有端子隔开，或采取其他有效防误动措施。新安装的分相弹簧机构断路器的防跳继电器、非全相继电器不应安装在机构箱内，应装在独立的汇控箱内。

5）断路器出厂试验、交接试验及例行试验中，应进行三相不一致、防跳压力闭锁等二次回路动作特性检查，并保证在模拟手合于故障条件下断路器不会、发生跳跃现象。

（3）开关设备用气体密度继电器应满足以下要求：

（4）密度继电器应装设在与被监测气室处于同一运行环境温度的位置。对于严寒地区的设备，其密度继电器应满足环境温度在 $-40\sim-25℃$ 时准确度不低于 2.5 级的要求。

（5）断路器应配防振型密度继电器。

（6）密度继电器表计应朝向巡视通道，有条件时可选用数字化远传表计。

（7）开关设备机构箱、汇控箱内应有完善的驱潮防潮装置，防止凝露造成二次设备损坏。应加强开关设备机构箱、汇控箱的检查维护，保证箱体密封良好，防雨、防尘、通风、防潮等性能良好，并保持内部干燥清洁。

（8）生产厂家在防爆膜设计选型时，应保证设备最高运行压力低于防爆膜最低爆破压力，罐体和套管等部件的最小破坏压力高于防爆膜的最高爆破压力，并保留足够裕度。装配前应检查并确认防爆膜是否受外力损伤，装配时应保证防爆膜泄压方向正确、定位准确，防爆膜泄压挡板的结构和方向应避免在运行中积水、结冰、误碰。防爆膜喷口不应朝向巡视通道。

（9）新订货的 GIS 及 SF_6 断路器年泄漏率应不高于 0.5%。户外 GIS 法兰对接面宜采用双密封，并宜在法兰接缝、安装螺孔、跨接片接触面周边、法兰对接面注胶孔、盆式绝缘子

浇注孔等部位涂防水胶。

（10）断路器和 GIS 内部的绝缘件装配前应通过工频耐压试验和局部放电试验，单个绝缘件的局部放电量不大于 3pC。GIS 内部的绝缘件装配前应逐支通过 X 射线探伤试验。

（11）SF_6 开关设备现场安装过程中，在进行抽真空处理时，应采用出口带有电磁阀的真空处理设备，且在使用前应检查电磁阀动作可靠，防止抽真空设备意外断电造成真空泵油倒灌进入设备内部。并且在真空处理结束后应检查抽真空管的滤芯是否有油渍。为防止真空度计水银倒灌进设备中，不应使用麦氏真空计。

（12）SF_6 新气体应经抽检合格、回收后 SF_6 气体则应全部检测，并出具检测报告后方可使用。

（13）SF_6 气体注入设备后应进行湿度试验，且应对设备内气体进行 SF_6 纯度检测，必要时进行气体成份分析。运行中，应加强 SF_6 气体压力、微水监督，防止开关设备因气体压力过低或微水超标导致绝缘降低。

（14）加强开关设备外绝缘的清扫或采取相应的防污闪措施，当发电机组并网断路器断口外绝缘积雪、严重积污时不得进行启机并网操作。

（15）新订货断路器应优先选用弹簧机构、液压机构（包括弹簧储能液压机构）。

（16）加强投切无功补偿装置用断路器的选型管理工作。新订货的投切并联电容器、交流滤波器用断路器应选用 C2 级断路器，且型式试验项目应包含投切电容器组试验；所用真空断路器灭弧室出厂前应整台进行老炼试验，并提供老炼试验报告。

（17）为防止机组并网断路器单相异常导通造成机组损伤，252kV 及以下机组并网的断路器（含发电机断路器）应选用三相机械联动式结构。新订货 252kV 母联（分段）、主变压器、高压电抗器断路器宜选用三相机械联动设备。

（18）断路器液压机构应具有防止失压后慢分慢合的机械装置。液压机构验收、检修时应对机构防慢分慢合装置的可靠性进行试验。断路器液压机构突然失压时应申请停电处理。在设备停电前，不应人为启动油泵，防止断路器慢分。

（19）机组并网断路器宜在并网断路器与机组侧隔离开关间装设带电显示装置，在并网操作时先合入并网断路器的母线侧隔离开关，确认装设的带电显示装置显示无电时方可合入并网断路器的机组 / 主变压器侧隔离开关。

（20）加强断路器合闸电阻的检测和试验，防止断路器合闸电阻缺陷引发故障。断路器安装阶段，应确认合闸电阻装配正确完好。在断路器产品出厂试验、交接试验及例行试验中，应对断路器主触头与合闸电阻触头的时间配合关系进行测试，有条件时应测量合闸电阻的阻值。

（21）为防止因合闸电阻过热导致的断路器损坏，对于新订货的带合闸电阻断路器，生产厂家应在使用说明书中对合闸电阻允许运行工况进行说明，在运带合闸电阻的瓷柱式断路器在规定时间内合闸或重合闸次数达到规定值时，可采用临时停用重合闸等措施防止合闸电阻炸裂。长线路破口改接工程，若操作过电压计算确定两侧断路器不需要配置合闸电阻，宜结合改建工程同步拆除在运断路器合闸电阻。

（22）在断路器产品出厂试验、交接试验及例行试验中，应测试断路器均压电容与断路器断口并联后的电容量及介质损耗因数。

（23）弹簧机构断路器应定期进行机械特性试验，防止机构特性变化等原因造成的机构拒动或异常动作。应结合例行试验加强凸轮间隙、线圈铁芯间隙、弹簧预压缩量等关键尺寸测量和重要活动部件润滑，必要时开展弹簧性能评估。

以下反措条款均取自《国家电网有限公司水电厂重大反事故措施》：

（1）设计阶段。高压开关设备操作箱内的加热器和电动机电源应能独立控制。

（2）设计阶段。断路器断口外绝缘应满足不小于 1.15 倍相对地外绝缘爬电距离的要求，否则应采取防污闪措施。

（3）基建阶段。断路器缓冲器应调整适当，防止由于缓冲器失效造成拐臂和传动机构损坏。禁止在缓冲器无油状态下进行快速操作。安装、检修后应测量缓冲行程。低温地区使用的油缓冲器应采用适合低温环境条件的缓冲油。

（4）基建阶段。断路器设备基础不应出现塌陷或变位，支架应牢固可靠，并不得采用悬臂梁结构。调整断路器设备时应尽可能采用慢分、慢合检查有无卡涩，各种弹簧和缓冲装置应调整和使用在其允许的拉伸或压缩限度内，并定期检查有无变形或损坏。

（5）运行阶段。断路器在开断故障电流后，应对其进行巡视检查。

（6）运行阶段。断路器发生拒分时，应立即采取措施将其停用，待查明拒动原因并消除缺陷后方可投运。

（7）运行阶段。根据可能出现的系统最大运行方式，每年定期核算断路器设备安装地点的短路电流。如断路器的额定短路开断电流不能满足要求，应进行改造。

（8）运行阶段。每三年对铜铝过渡接头进行无损检测。水电厂进入高负荷季节前、大规模泄洪或遭受大风舞动后，应加强铜铝过渡接头的测温及巡视检查。

（9）设计阶段。抽水蓄能电站 GIS 设备各断路器与隔离开关、接地开关之间应设置完善的电气闭锁，闭锁节点不应使用重动继电器扩展。接地开关应另行配置机械位置锁，且设备运行期间闭锁功能不应向远方操作或程序操作开放。

（10）设计阶段。同一间隔内的多台隔离开关的电机电源，在端子箱内应分别设置独立的开断设备。

（11）运行阶段。在运行方式安排和倒闸操作中应尽量避免用带断口电容的断路器投切带有电磁式电压互感器的空母线。

（12）运行阶段。为避免油纸电容型电流互感器底部事故时扩大影响范围，应将接母差保护的二次绕组设在一次母线的 L1 侧。

思　考　题

1. 母线及启动设备的一般由哪些部分组成？
2. 发电机出口断路器什么情况下必须进行大修？
3. 母线及启动设备按照设备划分主要有哪些类型的事故？

第七章 厂用电系统设备运检

本章概述

厂用电系统是抽蓄电站设备中的重要组成部分,具有安全可靠、运行经济、检修方便和操作灵活等特点,具备能适应发电厂在正常、事故、检修等各种情况下的供电要求。要实现上述要求,在很大程度上取决于厂用电电源的取得方式和厂用电的接线方式,以及继电保护和自动装置的正确配合。厂用电是保证发电厂安全经济运行的先决条件。因此,厂用电除了要求安全可靠不间断供电外,还应有供电的灵活性、经济性,检修方便及操作简便,以便适应发电厂在正常运行、事故、检修等各种情况下的供电要求。厂用电的可靠性,与厂用电电源的取得方式有很大关系,为了满足上述要求,现代发电厂的厂用电,一般都是由主发电机供电,其特点是经济、可靠性高,尤其当发电厂并入电力系统运行时,即使厂内发电机全部停止运行,也可以通过升压变压器从系统取得电源,而且运行简单,调度方便,对重要厂用电动机的自启动也有保证。本章主要是讲解厂用电系统设备概述及工作原理、设备巡检、设备操作、典型事故处理、设备日常维护、设备检修、试验检测和典型案例及反措等相关内容。

学习目标

学习目标	
知识目标	1. 了解厂用电系统在电站中作用,熟悉厂用电系统的设备组成、运行方式。 2. 熟悉厂用电设备的操作检修要求、日常巡检维护要求、检测试验项目及事故处理方法。
技能目标	1. 能够根据巡检要求自行开展厂用电设备日常巡检。 2. 能够熟练掌握厂用电设备倒闸操作,根据工作内容能够熟练拟写厂用电系统各类操作票。 3. 当厂用电设备发生异常情况时能及时根据现场情况进行应急事故处置。 4. 能够熟悉开展厂用电设备日常检修、试验工作。

第一节　厂用电系统设备巡检

一、厂用电设备巡检及注意事项

（一）危险点分析与控制措施

厂用电巡视前应做好危险点分析与控制工作见表 7-1-1。

表 7-1-1　　　　　　　　　　厂用电巡视前应做好危险点分析与控制工作

序号	主要步骤	存在风险	风险等级	应对措施
1	人员状况	身心状态不佳	一般	巡检前，确认人员精神状态、健康状况、疲劳程度是否满足操作要求，适当调整人员作息，改善工作环境，不疲劳操作，不带病操作
2		人身触电	一般	与带电设备保持安全距离
3		走错间隔	一般	按照巡检路线行走，不做与巡检无关的工作
4	安全工具器使用	照明不足	一般	携带手电

（二）巡检前准备

（1）佩戴合格安全帽。

（2）携带手电筒。

（3）携带巡检仪。

（三）油浸式厂用变压器检查内容

（1）检查油标油位，应在正常位置且无渗油。

（2）检查各部应无渗漏现象。

（3）检查变压器运行声音，应无异常振动声，放电声，爆破声。

（4）检查温度计指示状况，应符合负荷情况。变压器运行温度不超报警值。

（5）检查呼吸器，硅胶应无变色，油封内油量正常。

（6）检查压力释放装置，地面应无喷油痕迹。

（7）检查瓦斯继电器，应在窗口观察无积气，积水现象，无渗油。

（8）检查外壳接地状况，应完好，无过热现象。

（9）检查周围有无危及安全运行的物件。

（四）干式厂用变压器检查内容

（1）检查变压器运行情况，应无异常振动声，放电声，爆破声。

（2）检查变压器运行应无异常味道。

（3）检查变压器运行温度，应符合负载情况，不应过热，三相不应有太大的差别。

（4）检查外壳接地状况，应完好，无过热现象。

（5）检查周围有无危及安全运行的物件。

（五）配电盘检查内容

（1）检查开关位置指示是否与实际位置相一致。

（2）检测配电盘实际运行电压。

（3）检查开关运行有无异常，如：有无异常声音，保护有无动作等。

（4）检查开关表计指示是否与实际相符。

（5）检查开关指示灯是否正常。

（六）开关柜检查内容

（1）检查开关位置指示是否与实际位置相一致。

（2）检查开关运行有无异常声音，保护无动作。

（3）检查开关表计指示是否与实际相符。

（4）检查开关指示灯是否正常。

（5）检查周围有无危及安全运行的物件。

（七）动力电缆检查内容

（1）检查电缆终端表面有无放电、污秽现象。

（2）检查终端密封完好。

（3）检查终端绝缘管材无开裂。

（4）检查套管及支撑绝缘子无损伤。

（5）检查电气连接点固定件无松动、锈蚀，引出线连接点无发热现象。

（6）检查终端应力锥部位无过热现象。

（7）检查接地线良好，连接处紧固可靠，无发热或放电现象。

（八）架空线检查内容

（1）检查导线、地线无磨损、断股、破股、严重锈蚀、放电、松动等现象。

（2）检查线夹无断裂、裂纹、磨损、销钉脱落或严重锈蚀，各种连板、连接环、调整板损伤、裂纹等现象。

（3）检查瓷质及玻璃绝缘子无裂纹、伞裙闪烙无损伤、钢帽无移位，合成绝缘子伞裙、护套、粘接剂无老化、破损、裂纹，金具及附件无锈蚀等现象。

（4）检查接地装置无断裂、严重锈蚀、螺栓松脱、接地带丢失、接地带外露、接地带连接部位被雷电灼烧等现象。

第二节　厂用电系统设备操作

一、操作内容

厂用电系统设备的停电或送电操作是由运行、备用、检修三种状态中的一种状态转变成另一种状态所进行的操作。操作前，操作人应准备必要的安全工器具、操作工具、钥匙、挂锁、标志牌等，检查所用的安全工器具合格并符合现场实际操作要求。

厂用电系统设备停电操作应遵循停电—验电—挂接地线（合接地开关）等要求依序进行，送电顺序与此相反。严禁带下级负荷冲击变压器。

厂用电系统中最常用的开关是手车式开关，厂用电手车式开关有以下四种位置状态。

（1）工作位置：表示开关本体连接插头与母线及负载相连，二次回路接通。

（2）试验位置：表示开关本体连接插头与母线及负载断开，二次回路接通，可以进行开关分/合试验。

（3）隔离位置：表示开关本体连接插头与母线及负载断开，二次回路断开。

（4）检修位置：表示开关本体已拉出仓外，允许对开关本体进行维护工作。

厂用电系统设备一般有运行、热备用、冷备用和检修四种状态。

（1）运行状态：厂用电设备的手车开关在工作位置且合闸，将电源至受电端间的电路接通。

（2）热备用状态：厂用电设备的手车开关在工作位置且分闸，开关可以快速分、合。

（3）冷备用状态：厂用电设备的手车开关在试验或隔离位置且分闸。

（4）检修状态。厂用电设备的手车开关在试验或隔离位置且分闸，并合上接地开关（或装设接地线）。

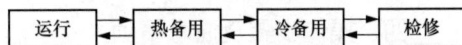

厂用电系统设备运行状态转换如图7-2-1所示。

图 7-2-1　厂用电系统运行状态转换

二、操作原则

厂用电倒闸操作原则是保证电气设备安全运行、规范现场人员操作行为的准则，因此值班人员在倒闸操作前（包括事故处理）时，应遵守下列操作原则：

（1）摇（推）手车开关前，必须检查开关确在分闸位置，应优先检查实际位置，如通过窥视孔检查，若无法看到实际位置时，应通过二元法进行检查；摇（推）过程中确认开关无误合的可能。

（2）手车开关在停送电操作前，可通过开关工作与试验位置指示灯判断其所处位置，若指示灯与开关所处位置不对应，应禁止操作，通知维护处理。

（3）厂用变压器投入运行时，应先合电源侧开关，检查变压器充电正常后，再合负荷侧开关；变压器停电操作顺序与此相反。禁止由低压侧对厂用变压器充电。

（4）在正常情况下，厂用电的倒闸操作应安排在全厂机组均停机状态下执行。

（5）厂用电倒换过程中，高压开关必须采取远方操作方式，操作后应检查开关实际位置。

（6）厂用电停役前，对重要负荷必要时提前倒换，防止在停役过程中自动倒换时失电；做好事故预想、预控措施以及了解厂用电运行方式的变动情况。

（7）挂装接地线、合接地开关前，必须验明线路确已停电；挂装（拆除）接地线，应正确佩戴绝缘手套，挂装接地线应先装接地端再装导体端，拆除接地线顺序则相反。

（8）开关应在试验（或隔离）位置，才可作为检修设备的明显断开点。

三、厂用电系统倒闸操作

（1）一般情况下厂用电系统倒闸操作应使用操作票，事故紧急处理和拉合断路器（开关）的单一操作可不使用操作票。

（2）倒闸操作应由两人进行，一人操作，一人监护，并认真执行监护复诵制度，按操作票顺序逐项操作；操作中发生疑问时，不准擅自更改操作票，应向操作发令人（当班值长）询问清楚无误后再进行操作。操作完毕，受令人（操作人员）应立即汇报发令人（当班值长）。

（3）操作机械传动的断路器（开关）时，应戴绝缘手套。没有机械传动的断路器（开关）应使用合格的绝缘棒进行操作；雨天操作应使用有防雨罩的绝缘棒，并穿绝缘靴、戴绝缘手套；在操作柱上断路器（开关）时，应有防止断路器（开关）爆炸时伤人的措施。

（4）雷电天气时，禁止进行倒闸操作。

（5）在发生人身触电事故时，可以不经过许可，即行断开有关设备的电源，但事后应立即汇报。

四、操作步骤及注意事项

（一）手车开关操作

1. 开关分/合闸操作

（1）远方操作：当控制方式选择开关在"远方"时开关允许远方操作、备自投动作联动合/分闸操作。

（2）现地盘柜操作：当控制方式选择开关在"现地"时，通过现地开关操作旋钮进行合/分闸操作（若开关操作旋钮下方有锁时，应先将闭锁钥匙切至解锁位置才能进行现地合/分闸操作）。

（3）开关本体手动操作：开关弹簧已储能，手按开关本体上的合/分按钮，执行合/分操作；除事故处理外，此操作只能在开关试验或隔离位置操作。

2. 手车开关进仓操作

（1）检查开关本体指示"分闸"，将开关控制方式切至"现地"。

（2）打开相应柜门，固定好专用手车，解锁，将开关本体推入仓。

（3）插入开关二次接头，观察柜面指示开关在试验位置，检查开关本体弹簧已储能。

（4）关闭柜门，插入摇柄，顺时针方向将开关摇入。

（5）观察开关柜面指示开关在工作位置后且摇不动，停止手柄摇动。

（6）取出摇柄，选择开关控制方式为"现地"，则可以在开关盘面上执行操作；若需远方/自动操作，则将控制方式切至"远方"位。

3. 手车开关出仓操作

（1）检查开关本体指示"分闸"位，将开关控制方式切至"现地"。

（2）插入摇柄，逆时针方向将开关摇出。

（3）观察柜面指示开关已在试验位置，拔出开关二次接头。

（4）打开柜门，固定好专用小车，将开关拉出，并锁定。

（5）移走专用小车及开关，关闭柜门。

（二）手车开关接地开关操作

各馈线接地开关装设于相应的馈线开关柜内，其操作与开关机械联锁或电气闭锁，只有开关摇至试验位置或拉出，才允许接地开关合闸操作，只有接地开关在拉开位置才允许开关小车进入工作位置。操作方法：按下闭锁盖板，插入操作手柄，顺时针合闸，逆时针分闸。

（三）0.4kVF系列小车式开关操作

1. 开关分/合闸操作

（1）自动操作：当开关控制方式在"自动"时，允许远方操作、相应配电盘备自投动作联动分/合闸操作。

（2）手动操作：当开关控制方式在"手动"时，通过现地合/分按钮进行合/分闸操作。

（3）手动操作：检查开关弹簧已储能，按压开关本体分/合闸按钮即可；除事故处理外，此操作只能在开关试验或隔离位置操作。

2. 开关进仓操作

（1）检查开关本体指示"分闸"位，将开关控制方式切至"手动"位。

（2）检查开关在"隔离"位，插入摇柄，按下释放按钮，顺时针将开关摇入。

（3）开关到达"试验"位置，再次按下释放按钮，顺时针将开关摇入。

（4）开关到达"工作"位，观察释放按钮已弹出，停止操作。

（5）取出摇柄，选择开关控制方式为"手动"，则可以在开关盘面上执行操作；若需远方/自动操作，则将控制方式切至"自动"位。

3. 开关出仓操作

（1）检查开关本体指示"分闸"位，将开关控制方式切至"手动"位。

（2）检查开关在"工作"位，插入摇柄，按下释放按钮，逆时针将开关摇出。

（3）开关到达"试验"位置，再次按下释放按钮，逆时针将开关摇出。

（4）开关到达"隔离"位，观察释放按钮已弹起，停止操作。

（四）0.4kVS系列抽屉式开关操作

1. 开关进仓操作

（1）检查开关操作把手指示在"OFF"位置且指示灯灭。

（2）将抽屉放入导向轨，手动推入抽屉。

（3）插入摇柄，检查开关在"分离"位置，顺时针摇进开关，观察开关抽屉指示在"连接"位置。

（4）根据需要现地执行开关合闸操作，顺时针将操作把柄调至"ON"位，检查开关已合闸。

2. 开关出仓操作

（1）操作开关操作把柄由"ON"旋至"OFF"，检查开关已分闸。

（2）插入摇柄，将开关从"连接"位置摇至"分离位置"。

（五）厂用电备自投装置在下列情况下应停用：

（1）备自投装置故障。

（2）厂用变压器高低压侧开关、母联开关辅助位置接点接触不好或在检修中。

（3）母联开关本体故障。

（4）厂用变压器保护带开关模拟试验。

（六）厂用电系统操作注意事项

（1）厂用电各级开关均采用移动式手车开关或抽屉式开关，开关手车或抽屉移到试验（或隔离）位置才能作为检修设备的明显断开点。

（2）开关出 / 入仓前，必须确认开关本体面板指示在分闸位置后方可进行出 / 入仓操作。开关出 / 入仓操作过程中，应谨防开关柜体倾覆伤人，若发现疑问应立即停止操作，汇报当班值长，确认原因且排除故障后方可继续操作。

（3）厂用电系统电源切换前，必须了解电源系统的连接方式。若环网运行，应并列切换，若开环运行及事故情况下对系统接线方式不清时，不得并列切换。

（4）在正常情况下，厂用电的停役应安排在全厂机组均停机状态下执行，倒闸前应考虑环并回路与变压器有无过负荷的可能、厂用电运行可靠。

（5）厂用电停役前对重要负荷必要时提前倒换，厂用电母线停电应断开该母线的所有负荷断路器。

（6）挂装接地线、合接地开关前，必须验明线路确已停电。

（7）由于设备原因不能操作时，应停止操作，检查原因。不能处理时，汇报运维负责人。禁止使用非正常方法强行操作设备。

（8）发现设备锁打不开时，必须首先核对操作票、设备编号，防止走错间隔或顺序错误；经核对确实属于锁具损坏，经主管领导批准，履行审批登记手续，方能使用解锁钥匙。

五、操作中异常情况及其处理原则

厂用电系统在操作作业中可能出现的主要异常情况及处理原则如下。

（一）开关不能分、合闸

操作人员立即停止操作，同时检查开关电气指示情况并汇报值长，值长通知维护人员前往现场检查其控制回路与操作机构，操作人员待维护人员处理完毕后方可继续操作。

（二）开关无法正常解锁或锁上

操作人员立即停止操作并汇报值长，值长确认锁具损坏后通知维护人员现场检查处理并汇报相关领导，操作人员待维护人员处理完毕后方可继续操作。若锁具无法短期修复且无法锁上，则用二类钥匙将其锁上，该二类钥匙按一类钥匙管控。若借用该钥匙则按遇特殊情况需解锁操作情况执行，应经运维管理部门防误操作装置专责人或运维管理部门指定并经书面公布的人员到现场核实无误并签字后，由运维人员告知当值调控人员，方能使用解锁工具（钥匙）。单人操作、检修人员在倒闸操作过程中禁止解锁。

（三）操作中发生事故

操作中发生事故事件时，应立即停止操作，待事故处理告一段落后，经分析研究再决定是否继续操作。

（四）变压器投运后声音异常

操作人员立即将变压器停止运行并向值长和相关领导。

第三节　厂用电系统设备典型事故处理

一、事故处理主要任务及基本要求

（一）事故处理的主要任务

（1）尽快将故障厂用电设备与非故障设备隔离，限制事故发展，消除事故根源，解除人身及设备安全的威胁，防止厂用电系统破坏或瓦解；

（2）尽可能保持厂用电正常设备继续运行，检查恢复受影响的运行机组的重要设备；

（3）调整厂用电系统的运行方式，使其尽快恢复正常运行。

（二）事故处理的基本要求

（1）厂用电设备事故发生时应按"保人身、保电网、保设备"的原则进行处理。

（2）事故发生时的处理要点：

1）根据仪表显示及设备异常象征判断事故。

2）迅速处理事故首先解除对人身、电网及设备的威胁，防止事故扩大。

3）必要时应立即停用发生事故的设备，确保非事故设备的正常运行。

4）迅速查清原因，消除事故。

5）将所观察到的现象、事故发展的过程和时间及采取的消除措施等进行详细的记录。

（3）事故发生及处理过程中的有关数据资料等应保存完整。

二、事故处理的一般原则

（1）根据监控系统显示、设备异常现象和外部征象综合判断厂用电故障或事故确已发生。

（2）在值守长的统一指挥下，协调安排值守人员进行处理，采取有效措施遏制故障或事故的发展，解除对人身和设备的危害，恢复设备的安全稳定运行，按照设备的管理权限，及时向调度汇报现场情况，发生着火事故还应汇报安全监察部。

（3）在处理过程中，值守人员应坚守岗位，迅速正确地执行值守长的命令。对重大突发事件，值守人员可依照有关规定先行处理，然后及时汇报。

（4）对事故设备应尽快隔离，对正常设备保持或尽快恢复运行，尽力维持厂用电正常运行。

（5）处理完毕后，当班值守长应如实记录故障或事故发生的经过、现象和处理情况。处理过程中要注意保护事故现场，未经值守长同意不得复归事故信号或任意改动现场设备情况，紧急情况（如危及人身安全时）除外。

（6）事故发生在交接班时，应延迟交班，接班人员应帮助处理故障，直至故障隔离或设备恢复正常，方可进行交班。

（7）下列各项操作，可不待调度指令，由当值运维负责人自行执行，执行后简明汇报，事后再作详细报告。

1）将直接对人员生命有威胁的设备停电；

2）将已经损坏的设备隔离；

3）运行中的设备有损坏的趋势，或严重影响系统稳定时，予以停用或隔离；

4）当母线电压消失时，拉开该母线上所有断路器；

5）当厂用电全部或部分停电、直流母线电源消失时，恢复其供电。

三、厂用电系统设备跳闸处理

（一）发现厂用电系统设备跳闸信息

监控出现相关设备报警及开关位置变动信息。

（二）收集厂用电设备跳闸信息

根据厂用电系统设备事故、越限变位信息及时进入到相应监控画面中，确认具体设备，并记录整理上述信息。

（三）分析厂用电设备跳闸信息

根据告警中事故总信号、保护动作信号及开关变位信号等综合分析判断厂用电系统设备是否真的故障跳闸。若是自动化装置误动作，则按自动化缺陷处理流程处置，若是真实故障跳闸，则按以下流程处置。

（四）厂用电设备跳闸处置方案

（1）确认厂用电设备真实跳闸后，对运行设备的处理。

1）如果是两台变压器并列运行的，首先检查另一台变压器是否过载，如过载则根据过载的程度立即采取转移负荷或限拉负荷措施，使设备不过载。

2）如果是两台变压器分列运行的，且低压侧配有BZT的，应确认BZT动作情况，如不动作或动作不成功，停用相应BZT，隔离故障点后，将停电低压负荷切至运行变压器。

3）如果是单台变压器运行的，隔离故障点后，采取转供电方式，保证设备正常运行。

（2）跳闸厂用电设备检查及检修。

1）通知运维值守人员到现场检查设备详细状况。

2）指令运维操作人员到现场将故障设备隔离后许可抢修工作。

3）厂用电设备跳闸信息汇报。将厂用电设备跳闸及处置情况汇报本部门专业领导；

4）记录归档及事故报告。

在运行值班日志中，将厂用电设备跳闸过程及处置过程进行详细记录，按规定填写事故报告单。

四、厂用电系统设备典型事故处理

（一）变压器温度高或短时间内温度异常升高

1. 故障现象

监控系统出现该变压器温度高的报警信号；现地变压器测温装置温度显示过高。

2. 原因分析

引起温度异常升高的可能原因有：

（1）变压器内部故障，例如绕组匝间短路等。

（2）变压器过负荷。

（3）环境通风不良。

（4）变压器冷却器故障。

（5）变压器温度测点或温度信号回路异常。

3. 处理过程

（1）检查变压器三相电流是否正常。

（2）汇报运维负责人，并通知人员现场检查。

（3）检查变压器室内环境温度是否正常，如果环境温度高，启动风机进行降温。

（4）检查现地变压器测温装置温度显示，并用红外线测试仪进行实际温度测试。

（5）现场检查变压器冷却器启动情况，若是由于变压器冷却器故障造成温度升高，应立即恢复冷却器运行，如无法恢复，温度继续上升，汇报运维负责人，必要时进行停运处理。

（6）变压器温度高如果是负荷过大引起的，可以适当转移负荷。

（7）现地检查变压器环境温度正常，负荷电流正常，红外线实测温度正常，变压器本体检查也未见明显异常，则可能是测温装置或温度信号回路出现异常，应及时通知相关专业人员进行检查处理。

（8）确为变压器本体运行不正常，则应立即通知专业人员进行检查确认，并汇报运维负责人，必要时进行停运检查。

4. 备注

（1）厂用变压器温度报警后，运行值守人员处理应果断及时，防止温度过高出口跳开关。

（2）变压器绕组匝间层间短路或铁芯硅钢片绝缘损坏，都会造成温度升高，通过以下方法可进行判断：

1）监听变压器运行的声音，与其他运行正常变压器比较；

2）观察运行中变压的一次、二次侧的三相电压和电流是否平衡；

3）对油浸式变压器通过取油化验，判断内部是否故障。

5. 防范措施

（1）做好相应设备维护、试验、巡视工作。

（2）禁止变压器过负荷运行。

（3）做好变压器运行温度高事故预想。

（二）厂用电系统设备着火

1. 故障现象

厂用电设备着火。

2. 原因分析

设备过负荷发热导致着火；设备绝缘异常放电导致着火；外部等原因。

3. 处理过程

（1）通过监控系统报警和火灾报警系统或其他方式（如工业电视）确认着火部位。

（2）确认着火设备的故障点，切断有关电源。

（3）厂用电缆着火时，可将电缆廊道（或电缆沟）隔火门关闭或将两端堵死，采取窒息方法进行灭火。

（4）用干粉灭火器、二氧化碳灭火器进行灭火，也可使用干沙进行覆盖，避免用水灭火，不得用酸碱灭火器灭火。

（5）进入着火区域灭火时，应佩戴正压式空气呼吸器。

4. 防范措施

（1）充分配置厂用电设备消防装置，做好事故预想。

（2）加强设备检查维护。

（3）合理分配厂用电负荷。

（4）加强巡检过程红外测温，特别是大负荷电气设备、新投运电气设备等。

（三）机组自用配电盘Ⅰ段失电

1. 故障现象

机组自用配电盘Ⅰ段失电。

2. 原因分析

（1）自用变压器故障引起保护跳闸。

（2）配电盘母线设备故障。

（3）配电盘馈线开关未切除馈线故障。

3. 处理过程

（1）检查机组状态，检查监控系统上的报警信号。

（2）现场对机组自用变及高低压侧开关检查，记录保护信号，检查机组自用配电盘以及母联开关和备自投装置，初步判定故障原因。

（3）若Ⅰ段母线上存在故障或短时内无法恢复，则转移Ⅰ段所带重要负荷，并对机组各参数和报警信息加强监视。

（4）检查重要负荷双电源是否自动切换，若失败，立即手动切换。

4. 防范措施

做好日常机组自用电设备维护、试验、巡视工作。

第四节 厂用电系统设备日常维护

一、日常维护基本要求

运维人员对厂用电设备进行详细深入的专业巡视检查和分析工作，并根据设备运行状态进行必要的维护保养及监测分析工作，重点清扫、检查和处理易损、易磨部件，必要时进行试验，以保证设备的正常稳定运行。

二、日常维护内容

（一）户外高压隔离开关小修工艺

1. 危险点分析与控制措施

危险点分析与控制措施见表7-4-1。

表 7-4-1 户外高压隔离开关小修危险点分析与控制措施

序号	主要步骤	存在风险	风险等级	应对措施
1	人员状况	身心状态不佳	一般	执行检修任务前，确认人员精神状态、健康状况、疲劳程度是否满足检修要求，适当调整人员作息，改善工作环境，不疲劳工作
2		行为不当	一般	工作时须有专人监护；在有经验人员指导下工作
3		走错间隔	一般	工作需专人监护，工作前确认工作位置；将非工作区域用红白布围起来
		人身触电	较大	与带电设备保持安全距离
4	检修工器具使用	工器具、试验接线遗漏	一般	检修时需专人监护，检修前后对所用的工器具、试验接线做好清点与核对

2. 作业前准备

（1）消耗性材料：白布、胶带、酒精。

（2）检修工器具：万用表、一字螺丝刀、固定扳手、活动扳手、十字螺丝刀、电源线盘、毛刷、吸尘器。

（3）参考图纸：检修规程（厂用电系统）、产品说明书。

3. 操作步骤及工艺标准

（1）检查机械结构是否完好，有无卡涩变形情况。

（2）检查导电回路是否烧灼，是否变形损坏。

（3）对设备进行清扫。

（二）400V 开关设备小修工艺

1. 危险点分析与控制措施

400V 开关设备小修危险预控同表 7-4-1。

2. 作业前准备

（1）消耗性材料：白布、胶带、酒精、导电膏。

（2）检修工器具：万用表、一字螺丝刀、固定扳手、活动扳手、十字螺丝刀、电源线盘、毛刷、吸尘器、绝缘摇表。

（3）参考图纸：检修规程（厂用电系统）、产品说明书。

3. 操作步骤及工艺标准

（1）记录开关原来的合分状态，将开关拉至检修位置。

（2）开关内各元器件清扫，包括盘柜内部，检测绝缘状态。

（3）检查机械结构是否异常，分合闸试验有无异常。

（4）检查导电回路是否连接紧固，有无烧灼痕迹，对松动螺栓进行紧固并做标记。

（三）干式变压器小修工艺

1. 危险点分析与控制措施

干式变压器小修工艺危险点分析与控制措施见表 7-4-2。

表 7-4-2　　　　　　　　　干式变压器小修工艺危险点分析与控制措施

序号	主要步骤	存在风险	风险等级	应对措施
1	人员状况	身心状态不佳	一般	执行检修任务前，确认人员精神状态、健康状况、疲劳程度是否满足检修要求，适当调整人员作息，改善工作环境，不疲劳工作
2		行为不当	一般	工作时须有专人监护；在有经验人员指导下工作
3		走错间隔	一般	工作需专人监护，工作前确认工作位置；将非工作区域用红白布带围起来
4	检修工器具使用	工器具、试验接线遗漏	一般	检修时需专人监护，检修前后对所用的工器具、试验接线做好清点与核对

2. 作业前准备

（1）消耗性材料：白布、胶带、酒精、砂布、导电膏。

（2）检修工器具：绝缘摇表、万用表、一字螺丝刀、固定扳手、活动扳手、十字螺丝刀、电源线盘、毛刷、吸尘器。

（3）参考图纸：检修规程（厂用电系统）、产品说明书。

3. 操作步骤及工艺标准

（1）检查器身各部紧固螺栓及线圈垫块，不应发生松动，若有则应紧固。

（2）清除沉积于表面和气道中的灰尘污垢，特别要注意清洁变压器的绝缘子，绕组装配的顶部和底部。

（3）检查导电零件及其他零部件有无生绣、腐蚀的痕迹，绝缘表面有无爬电痕迹及碳化现象，必要时采取相应措施进行处理。

（4）绝缘电阻测试。当发现绝缘电阻异常（特别是铁芯对地绝缘），应及时安排处理。

（5）干式变压器风机启动试验。风机启动可以通过温度设定或手动的方法来检查，以确认风机状态良好。

三、其他维护主要内容

（一）厂用电设备定期轮换与试验

（1）每年进行 1 次厂用电系统备自投切换试验，确保功能正常，试验结束后应对相关受影响设备进行全面检查。

（2）应至少每 6 个月进行 1 次柴油发电机带负荷试验。

（3）应至少每 3 个月进行 1 次事故照明电源切换。

（二）带电设备红外测温

（1）每月进行 1 次变压器红外检测，检测变压器箱体、引线接头及电缆终端等部位，红外热像图显示应无异常温升，应考虑检测前 3h 内的负荷电流及其变化情况。新设备投运后 1 周内完成检测。

（2）每年进行 1 次开关柜红外检测，检测开关柜及进、出线电气连接处等部位，红外热像图显示应无异常温升。注意与同等运行条件下相同开关柜进行比较。测量时记录环境温度、负荷及其近 3h 内的变化情况，以便分析参考。新设备投运后 1 周内应开展 1 次测温。

（3）每 3 个月对电力电缆终端和非直埋式电缆中间接头、交叉互联箱、外护套屏蔽接地点等部位进行 1 次红外测温。检测时最好在设备负荷高峰状态下进行，尽量移开或避开电缆与测温仪之间的遮挡物，记录环境温度、负荷及其近 3h 内的变化情况，以便分析参考。新设备投运、大修后 1 周内完成，当电缆线路负荷较重（超过 50%）时，应适当缩短红外热像检测周期。

（三）厂用电设备预防性试验

应定期开展厂用电设备预防性试验（3 年 1 次）。

四、检查结果处理

（1）维护人员应将厂用电设备维护的结果，进行登记，建立设备维护台账，方便设备的运行状况的跟踪管理。

（2）维护人员在维护过程中如发现不影响运行但需结合检修消除的，应记入缺陷管理系统，以便加入检修计划和重点巡视管理。

（3）如在维护过程中，如发现重大缺陷，应立即报告相关人员，严重的纳入隐患等管理措施。

第五节　厂用电系统设备检修

一、检修工作的基本要求

（1）按照工作性质、内容及工作涉及范围，厂用电设备的检修工作分为两类：高压厂用电设备的检修及低压厂用电设备的检修。

（2）高压厂用电设备操作较少，运行电流较低，运行环境较好，每三年安排一次停电检修，主要的工作内容为定期的停电电气试验；每六年安排一次大修，根据设备的运行情况及老化程度，对一些易损件进行局部更换，如动触头的梅花触指、辅助接点、整流桥、航空插头、合分闸线圈、模拟指示器等，并增加主母排及分支母排的检查项目。

（3）高压厂用电设备的预试工作每三年一次，可结合设备检修维护时进行。厂用电系统中有避雷器，根据预防性试验规程要求，每年雷雨季节前需安排一次预防性试验工作。

（4）低压厂用电设备主要包括 0.4kV 配电系统的设备，分机组自用配电及公用配电设备。机组自用配电设备结合每年的机组检修工作进行，一年一次；公用配电设备每两年安排一次停电检修，主要的工作内容为设备清扫、检查和维护，主要完成易损件的更换及清扫工作。每六年安排一次大修，增加主母排及分支母排的检查项目。

二、检修工作内容

（一）400V 开关设备检修

1. 危险点分析与控制措施

危险点分析与控制措施示例见表 7-5-1。

表 7-5-1　　　　　　　　　　危险点分析与控制措施示例

序号	主要步骤	存在风险	风险等级	应对措施
1	人员状况	身心状态不佳	五级	执行检修任务前，确认人员精神状态、健康状况疲劳程度是否满足检修要求，适当调整人员作息改善工作环境，不疲劳工作
2		行为不当	五级	工作时须有专人监护；在有经验人员指导下工作

续表

序号	主要步骤	存在风险	风险等级	应对措施
3	人员状况	走错间隔	五级	工作需专人监护，工作前确认工作位置；工作区域与非工作区域做好隔离
		人员触电	四级	与带电设备保持安全距离，工作前确认已停电
4	检修工具使用	工器具、试验接线遗漏	五级	检修时需专人监护，检修前后对所用的工器具、试验接线做好清点与核对

2.作业前准备

（1）消耗性材料：白布、胶带、酒精。

（2）检修工器具：吸尘器、活动扳手、螺丝刀、电源插座、万用表、绝缘摇表、开关专用小车。

（3）参考图纸：检修规程（厂用电系统）、产品说明书。

3.操作步骤及工艺标准

（1）操作机构：清除灰尘；更换已变形或氧化的弹簧；紧固螺栓、螺母。

（2）触头：清除灰尘；检查安全卡簧有无弹出，并拧紧螺栓、螺母；更换已变形或爆裂的绝缘部件；检查隔离触头有无拉弧点或损伤。若触头表面磨损严重，或表面腐蚀严重，出现损伤或过热（表面变色）痕迹，则更换触头；清洁触头表面并均匀涂抹一层导电膏。

（3）二次回路电源：电气动作部分在额定电压的85%和110%范围内脱扣，连锁功能均能可靠动作。

（4）操作和控制部件：分合闸试验无异常。

（二）小车式高压开关设备大修

1.危险点分析与控制措施

小车式高压开关设备大修预控措施同表7-4-1。

2.作业前准备

（1）消耗性材料：白布、毛刷、酒精、绝缘胶布、润滑脂。

（2）检修工器具：吸尘器、活动扳手、螺丝刀、电源插座、万用表、绝缘摇表、开关专用小车。

（3）参考图纸：检修规程（厂用电系统）、产品说明书。

3.操作步骤及工艺标准

（1）开关柜体一般性检查：检查柜上装置的元件，零部件应完好无损；检查各连接部分已紧固，螺纹连接部分应无脱牙及松动；检查柜内元件及绝缘件无受潮、锈蚀现象；检查柜体是否可靠接地，门的开启与关闭是否灵活；检查二次插头是否完好无损，插接是否可靠；检查开关柜静触头及开关隔离触头有无拉弧点或损伤。若触头表面磨损严重，或表面腐蚀严重，出现损伤或过热（表面变色）痕迹，则更换触头。清洁触头表面并均匀涂抹导电膏；检查引入及引出线连接情况，连接是否牢固，相序是否正确，色标是否明显，清晰；清除柜内外的积尘，污物。

（2）柜顶母线装配检查：检查主母线与分支母线是否完好，有无烧伤痕迹，接触是否良好；检查支持绝缘子及母线夹螺钉是否牢固。

（3）仪表及继电器室检查：检查仪表、继电器、指示器功能是否完好，接线有无松动、脱落；合闸小母线及其他小母线有无异常，接线是否牢固；继电器动作正确可靠，整定值符合有关要求。

（4）端子门及端子室检查：检查控制开关、按钮及信号继电器是否完好，接线有无松动、脱落；二次接线端子排接线螺钉是否接触良好；各接线端子号是否清楚明晰，否则重新制作；接地螺栓无黄锈，接地线接触良好。

（5）手车一般性检查：检查手车推动是否灵活，有无卡住现象；手车处于工作位置时，主回路隔离触头及二次插头是否可靠接触；手车定位及二次插头联锁的操作是否灵活可。

（6）断路器手车检查：手动对断路器的操动机构进行合、分操作，无卡顿现象，辅助开关接点合、分可靠，接触良好；机构联锁装置可靠灵活；检查各个弹簧有无损坏或疲劳，视情况进行更换。

（三）干式变压器大修及质量标准

1. 危险点分析与控制措施

干式变压器大修预控措施同表 7-5-1。

2. 作业前准备

（1）消耗性材料：白布、胶带、酒精。

（2）检修工器具：绝缘摇表、万用表、一字螺丝刀、固定扳手、内六角扳手、活动扳手、十字螺丝刀、电源线盘、毛刷、吸尘器。

（3）参考图纸：厂用电系统原理图；检修规程（厂用电系统），产品说明书。

3. 操作步骤及工艺标准

（1）温控器：温度计校验合格；报警、跳闸触点动作正确，信号输出正常。

（2）风机绝缘电阻正常。

（3）电缆接头固定可靠，电缆皮无破损。

（4）变压器底部防火封堵完善。

（5）变压器本体清扫干净。

4. 注意事项

变压器检修完成后需清点工器具数量，防止遗留设备内部，避免送电后因安全距离不够导致放电。

（四）电缆检修的项目及周期

1. 电缆检修周期

（1）电缆的检修周期，一般跟随主要电气设备的大、小修进行。

（2）试验和检查、运行过程中有明显故障，绝缘不合格时。

（3）设计或制造过程中存在共性问题，或存在共性缺陷时。

2. 电缆检修基本项目

（1）预防性试验（绝缘试验为主）。

（2）电缆本体检查，电缆本体无破损、固定无松动。

（3）电缆支架检查，无锈腐、无变形、无断裂等情况。

第六节　厂用电系统设备试验检测

一、厂用电系统设备的试验检测基本规定

（一）交接试验

（1）交流耐压试验时加至试验标准电压后的持续时间，无特殊说明时应为 1min。

（2）耐压试验电压值以额定电压的倍数计算时，发电机应按铭牌额定电压计算，电缆可按照厂用动力电缆预防性试验检测要求及标准的方法计算。

（3）进行绝缘试验时，除制造厂装配的成套设备外，宜将连接在一起的各种设备分离，单独试验。同一试验标准的设备可连在一起试验。无法单独试验时，已有出厂试验报告的同一电压等级不同试验标准的电气设备，也可连在一起进行试验。试验标准应采用连接的各种设备中的最低标准。

（4）绝缘试验应在良好天气且被试物及仪器周围温度不低于 5℃，空气相对湿度不高于 80% 的条件下进行。

（5）吸收比为 R60（60s 的绝缘电阻值）与 R15（15s 的绝缘电阻值）的比值，极化指数为 10min 与 1min 的绝缘电阻值的比值。

（二）预防性试验

试验结果的评判，除与有关标准、历次试验结果进行比较外，还应结合设备自身运行情况（如是否有过载、是否遭受过电压或短路冲击、是否发生过外部闪络等）及同型号设备的运行情况进行全面综合分析。如果在相同型号设备上重复出现某类故障，则应对该型号的其他设备采取措施，或进行必要的试验或缩短试验周期，以防同类故障发生。

试验人员应选用合适的测试方法和仪器设备，并尽量在环境条件相近的条件下进行试验，以保证试验结果的准确性和可比性。

新投运的设备，应尽可能及早安排（1~2 年内）进行投运后首次试验，及早获取设备运行后的重要状态信息。首次试验应涵盖所有固定周期试验项目。

工频交流耐压试验，加至试验标准电压后的持续时间，无特别说明者，均指 1min，其他耐压试验的试验电压施加时间在有关设备的试验要求中规定。试验前后应测量绝缘电阻值

不应明显降低。

进行耐压试验时，应尽量将连接在一起的各种设备分开来单独试验（制造厂装配的成套设备不在此限）。

应同时测量被试品和周围空气的温度和湿度。进行绝缘试验时，环境温度、被试品温度不宜低于5℃，环境相对湿度一般不高于80%。一般常温为10～40℃。

设备经交接试验后超过6个月未投入运行，或运行中设备停运超过6个月的，在投运前应完成所有固定周期试验项目。

规定周期大于1年的定期试验项目，应尽可能采用"轮试"方式，这样可根据其中一部分设备的试验结果来推断其余设备的状态，如果试验结果异常，应根据实际情况决定是否需要对剩余部分的设备进行试验。

装在封闭式组合电器内的断路器、隔离开关、负荷开关、接地开关、避雷器、互感器、套管、母线等元件的试验，应按相应试验项目的有关规定进行，对无法分开的设备可不单独进行。

二、厂用变压器交接试验检测项目

（1）绝缘油试验或SF_6气体试验。

（2）测量绕组连同套管的直流电阻。

（3）检查所有分接的电压比。

（4）检查变压器的二相接线组别和单相变压器引出线的极性。

（5）测量铁芯及夹件的绝缘电阻。

（6）非纯瓷套管的试验。

（7）有载调压切换装置的检查和试验。

（8）测量绕组连同套管的绝缘电阻、吸收比或极化指数。

（9）测量绕组连同套管的介质损耗因数（$\tan\delta$）与电容量。

（10）变压器绕组变形试验。

（11）绕组连同套管的交流耐压试验。

（12）绕组连同套管的长时感应耐压试验带局部放电测量。

（13）额定电压下的冲击合闸试验。

（14）检查相位。

（15）测量噪声。

三、厂用变压器预防性试验检测项目

（1）绕组直流电阻。

（2）绕组连同套管绝缘电阻、吸收比或极化指数。

（3）绕组连同套管的交流耐压试验。

（4）穿芯螺栓、铁轭夹件、绑扎钢带、铁芯、线圈压环及屏蔽等的绝缘电阻。

（5）绕组所有分接头的电压比。

（6）红外热像检测。

四、厂用动力电缆交接试验检测项目

（1）主绝缘及外护层绝缘电阻测量。

（2）主绝缘直流耐压试验及泄漏电流测量。

（3）主绝缘交流耐压试验。

（4）外护套直流耐压试验。

（5）检查电缆线路两端的相位。

（6）电力电缆线路局部放电测量。

五、厂用动力电缆预防性试验检测项目

（1）电缆主绝缘的绝缘电阻。

（2）电缆外护套、内衬层绝缘电阻。

（3）电缆主绝缘交流耐压试验。

（4）护层保护器的绝缘电阻及直流参考电压。

（5）红外热像检测。

六、厂用柴油发电机交接试验检测项目

（1）测量定子绕组的绝缘电阻和吸收比或极化指数。

（2）测量定子绕组的直流电阻。

（3）定子绕组交流耐压试验。

（4）测量转子绕组的绝缘电阻。

（5）测量转子绕组的直流电阻。

（6）转子绕组交流耐压试验。

（7）测量相序。

七、厂用开关柜类交接试验检测项目

（1）测量绝缘电阻。

（2）测量每相导电回路的电阻。

（3）交流耐压试验。

（4）测量断路器的分、合闸时间，测量分、合闸的同期性，测量合闸时触头的弹跳时间。

（5）测量分、合闸线圈及合闸接触器线圈的绝缘电阻和直流电阻。

（6）断路器操动机构的试验。

八、厂用开关柜类预防性试验检测项目

（1）绝缘电阻。

（2）交流耐压试验。

（3）辅助回路和控制回路交流耐压试验。

（4）辅助回路和控制回路绝缘电阻。

（5）主回路电阻测量。

（6）断路器时间参量及合闸弹跳。

（7）红外热像检测。

第七节　厂用电系统设备典型案例及反措

一、厂用电系统设备常见典型案例

（一）低压配电开关电缆绝缘老化引起相间短路

1. 故障现象

值守监盘发现监控报 110V DC I/II母接地报警（死接地），利用工业电视发现主厂房发电机层拱顶出现烟雾现象。7min 后值守监盘发现主厂房 2 号公用变压器电流速断保护动作跳闸导致主厂房 2 号公用变压器高、低压侧开关跳闸，主厂房公用配电盘母联开关合闸 6min 后跳闸。

2. 原因分析

（1）公用配电盘 II 母母排故障。

（2）公用配电盘 II 母进线开关靠配电盘母排侧故障。

（3）公用配电盘 II 母馈线开关靠母排侧故障。

（4）公用配电盘 II 母负荷过高发热产生火灾。

3. 处理过程

（1）值守人员汇报值长，通知操作人员、维护人员，现场人员穿戴正压式呼吸器后检查直流接地情况以及烟雾来源。值长通知消防队进厂待命。

（2）2 号公用变压器高、低压侧开关跳闸后，值守监视厂用电倒换对运行机组的影响，重点关注机组高顶、技术供水泵等主要辅机运行情况，球阀、导叶关闭情况，汇报值长。若影响运行机组，值长汇报相关领导后，通知值守汇报调度。

（3）值长通知现场人员前往公用配电室检查，发现室内浓烟聚集，立即关闭室门。初步判断为 2 号公用变压器起火故障，值长立即告知相关领导。

（4）值长安排操作人员确认各来电侧开关均已断开并将对应开关摇至隔离位置，同时通知消防队处理灭火。

（5）待火熄灭后，维护人员开票处理，将已烧坏的配电柜拆除，外露的母排用绝缘纸包扎好。将烧坏的电缆抽出，确定电缆的长度是否需要重新敷设或延长。清扫已喷过干粉的2号主厂房公用变压器，并对其进行预防性试验。

（6）维护人员对公用配电盘的几个重要负荷从检修系统取电源。

（7）操作人员对停电设备恢复供电，复归机组，并向调度汇报机组归调。

（二）厂用变压器电流互感器异常导致主变压器跳闸

1. 故障经过

厂用变压器运行过程中，值守监盘发现监控报警站突然出现如下主要信息：3号厂用变压器差动保护动作、3号厂用变压器过流保护动作、6号主变压器发电方向大差动保护动作、6号主变压器低压侧接地保护动作、6号机95%接地保护动作、6号机100%接地保护报警、6号机失步保护报警。3号厂用变压器跳闸，5/6号主变压器5054开关跳闸，5/6号机发电工况跳机，共甩负荷600MW，5/6号机过速保护均动作，4/5/6号机组高压钢管均有出现压力高报警（实际压力达到7.8MP左右），厂用6.3kVⅢ母BZT动作，6.3kVⅡ～Ⅲ母联开关合闸后因过流保护动作跳闸，厂用6.3kVⅢ母失电（400VBZT动作正常）。

2. 原因分析

（1）3号厂用变压器内部故障。

（2）3号厂用变压器开关与主变压器低压侧一次回路故障。

3. 处置过程

（1）值守立即将情况汇报值长，同时汇报调度，按调度许可，立即启动备用机组发电满足系统负荷要求。

（2）值长通知操作人员、维护人员前往现场检查，汇报相关领导。

（3）现场人员检查发现3号厂用变压器开关室有烟冒出、厂用6.3kVⅢ母区域有烟冒出。现场人员立即汇报值长，值长通知消防队进厂，同时汇报相关领导。

（4）值守向总调汇报事故详细情况，启动备用机组相继发电工况并网并带满出力，满足系统出力要求。

（5）值守向调度申请6号主变压器改停役（3号厂用变压器挂在6号主变压器低压侧）。经调度许可后值长安排操作人员对具体故障设备隔离，维护人员开票检查处理。

（三）厂用电母线部分设备损坏

1. 故障现象

厂站地区突降暴雨，并伴有强雷电发生，地面副厂房及设备仓库门窗有可见明显的对地放电现象，室外部分照明灯具损坏；2号厂用高压变压器差动保护动作，其下级开关跳闸但上级开关拒跳，越级跳主变压器高压侧开关，调度通信中断。

2. 原因分析

（1）地面副厂房户外建、构筑物遭受强雷电侵袭，引起接地网冲击电位增高。

（2）2号厂用高压变压器差动保护动作（动作后理应跳开其上下级开关），上级开关拒跳。

3. 处置过程：

（1）值守利用工业电视发现10kV开关室有浓烟冒出且伴有火光现象，立即汇报值长。值长汇报相关领导后，通知值守汇报调度。

（2）值长通知操作人员、维护人员前往现场检查。

（3）现场人员检查发现厂房交流电源中断，全厂工作照明系统失电，事故照明投入工作。

（4）现场人员查看监控系统相关事件及录波记录、主变压器保护记录、500kV故障录波、单元机组故障录波、2号厂用高压变压器保护记录以及现场设备情况。

（5）值长将现场检查情况汇报相关领导，通知值守向调度申请将故障设备隔离。值长安排操作人员隔离设备，维护人员开票检查处理。

（四）机组自用配电盘Ⅰ段失电

1. 故障现象

机组自用配电盘Ⅰ段失电，所带负荷失去电源。

2. 原因分析

（1）自用变压器故障引起保护跳闸。

（2）配电盘母线设备故障。

（3）配电盘馈线开关未切除馈线故障。

3. 处理过程

（1）值守检查机组是否保持在原来工况稳定运行，检查监控系统上的报警信号，利用工业电视检查机组自用配电盘Ⅰ段。若影响运行机组，值长汇报相关领导后，通知值守汇报调度。

（2）值守汇报值长，值长通知操作人员、维护人员前往现场检查，汇报相关领导。

（3）现场人员对机组自用变及高低压侧开关检查，记录保护信号，检查机组自用配电盘以及母联开关和备自投装置。

（4）值长安排操作人员检查自用盘Ⅰ段所带重要负荷的供电方式已自动切换，未自动切换的进行手动切换，并对机组各参数和报警信息加强监视。

（5）值长安排操作人员隔离设备，维护人员开票检查处理。

（五）厂用高压变压器差动保护动作

1. 故障现象

值守监盘发现监控系统报厂用高压变压器差动保护动作的报警信号，检查监控系统及模拟屏上变压器高低压侧开关指示在分闸位置，检查厂用电备自投正确动作。

2. 原因分析

（1）厂用高压变压器内部故障或差动保护范围内设备故障。

（2）差动保护误动。

3. 处理过程

（1）值守检查保护动作情况，厂用电倒换正常，利用工业电视检查厂用变压器室。

（2）值守立即汇报值长，值长通知操作人员、维护人员前往现场检查，汇报相关领导。

（3）现场人员检查厂用高压变压器本体及高压引出线、高低压侧开关间电缆及母线等一次部分有无明显故障点。

（4）若现场人员检查发现有明显故障，值长立即安排操作人员厂用高压变压器隔离。若厂用高压变压器着火，值长应严格按消防规程进行处理，并做好个人相关防护工作。

（5）若现场人员检查无异常现象，值长汇报相关领导，通知电气一次、继电保护专业人员检查确认厂用高压变压器正常，经领导批准后值长安排操作人员对跳闸的厂用高压变压器进行试送电一次，若试送电成功，则保持厂用高压变压器继续运行，但应密切监视；若试送电不成功，则值长安排操作人员对厂用高压变压器进行隔离，维护人员开票检查处理。

（6）厂用高压变压器故障后备自投动作成功，现场人员都要对由于厂用电切换可能引起失电的负荷进行检查。

（六）厂用变压器电流速断或过电流保护动作

1. 故障现象

厂用变压器正常运行过程中值守监盘发现监控系统上出现该变压器电流速断保护动作的报警信号，检查监控系统及模拟屏上相应开关指示在分闸位置，检查备自投是否正确动作（主流设计保护动作闭锁备自投动作）。

2. 原因分析

（1）设备故障。

（2）保护误动。

3. 处理过程

（1）值守检查变压器高低压侧开关在分闸位置，检查相应配电盘倒换正常，利用工业电视检查厂用变压器室。

（2）值守汇报值长，值长通知操作人员、维护人员前往现场检查，汇报相关领导。

（3）现场人员检查该变压器本体、引出线有无异常现象，如燃烧、闪络、短路等异常现象。

（4）若现场人员检查发现有明显故障，值长立即安排操作人员厂用变压器隔离。若厂用变压器着火，值长应严格按消防规程进行处理，并做好个人相关防护工作。

（5）若现场人员检查无异常现象，值长汇报相关领导，通知电气一次、继电保护专业人员检查确认厂用变压器正常，经领导批准后值长安排操作人员对跳闸的厂用变压器进行试送电一次，若试送电成功，则保持厂用变压器继续运行，但应密切监视；若试送电不成功，则值长安排操作人员对厂用变压器进行隔离，维护人员开票检查处理。

（七）厂用电母线接地故障报警

1. 故障现象

值守监盘发现监控系统上出现厂用电母线接地故障报警。

2. 原因分析

（1）设备绝缘异常。

（2）接地监测装置故障。

3. 处理过程

（1）值守立即汇报值长，值长通知操作人员、维护人员前往现场检查，汇报相关领导。

（2）现场人员首先查找故障点，查看有无相关工作，确认故障支路。

（3）现场人员根据保护装置的显示、故障记录里零序电流量、零序电压分析确认故障点。

（4）查出接地故障点后，若是现场工作造成，则值长叫停现场作业。

（5）查出接地故障点后，若影响运行机组，值长汇报相关领导后，通知值守汇报调度。值长安排操作人员对该母线或线路进行隔离，待故障排除后恢复运行。

（6）如果厂用系统采用不接地方式，则在接地故障发生后，可继续维持厂用电运行一段时间，在这期间值守应加强监视，现场人员迅速查找，判断接地故障。

（7）到现场检查时必须穿绝缘靴，触摸设备外壳时必须戴绝缘手套，防跨步电压措施。

（8）在处理时注意单相接地系统不得与正常运行系统并列运行。

二、国家电网公司水电厂重大反事故措施厂用电部分

（一）防止运行方式不合理造成全厂停电事故

（设计阶段）厂用电保安电源通常选用柴油发电机组，也可专设水轮发电机组。符合下列条件的水电厂应设置厂用电保安电源：

（1）重要泄洪设施无法以手动方式开启闸门泄洪的水电厂。

（2）水淹厂房危及人身和设备安全的水电厂。

（3）需要保安电源作为黑启动电源的水电厂。

（4）抽水蓄能电站上下库闸门电源均取自地下厂房的。

（设计阶段）厂用电系统各级母线均应装设备用电源自动切换装置，装置故障和功能退出时应有相应的报警信号。低电压等级备自投不宜先于高电压等级备自投动作。

1）设计阶段。带直配电负荷电厂的机组应设置低频率低电压解列装置，确保在系统事故时，解列一台或部分机组后能单独带厂用电和直配负荷运行。

2）运行阶段。水电厂应明确厂用电系统的正常和非正常运行方式，并优先采用正常运行方式，因故改为非正常运行方式时，应启动相应的应急预案。

3）运行阶段。各级母线的备用电源自动切换装置应正常投入，因故退出时应启动相应

的应急处理预案。定期进行备用电源自动切换装置的动作试验，确保功能正常。试验结束后应对受电源消失影响的设备进行全面检查，如机组自用配电盘的供电方式等。

（二）防止电源二次回路及设备故障造成全厂停电事故

（1）设计阶段。电厂应根据实际需要设置至少两路电源供电的集中或分散的交流控制电源系统。对监控系统、调度自动化系统等重要设备应选择不间断电源供电，现地控制单元电源应采用冗余配置，其中至少一路为直流电源。

（2）设计阶段。二次电源回路及断路器跳合闸回路的完整性均应予以监视。

（3）设计阶段。保护回路及断路器操作回路不应有寄生回路，严防交流窜入直流回路，禁止交、直流接线合用同一根电缆。对双重化保护的电流回路、电压回路、直流电源回路、双跳闸线圈的控制回路等，两套系统不应合用一根多芯电缆。

（4）运行阶段。应定期检查 UPS 与逆变电源装置负载率，定期开展主备用电源切换试验，确保交流电源中断时，UPS 与逆变电源装置能正常工作。

（5）运行阶段。禁止将全厂所有厂用高压变压器高压侧断路器的控制及保护电源接入同一段直流母线，防止该段直流母线故障造成断路器同时跳闸。

（三）防止母线故障造成全厂停电事故

（1）设计阶段。开关站母线若采用双套主保护，电流、电压互感器宜使用各自独立的二次绕组，直流电源互相独立，各保护出口同时作用于断路器的一、二组跳闸线圈，保护的电源及保护设备故障都分别引出信号。

（2）设计阶段。应选用合适容量和准确级的电流互感器，在各种类型区外短路时，母线保护不应由于电流互感器饱和以及短路电流中的暂态分量而引起误动作。

（3）设计阶段。抽水蓄能电站的接入系统设计应保证至少有两回出线，并同期开展建设。出线如需设置高压并联电抗器，应优先考虑布置在对侧变电站。

（4）基建、运行阶段。加强母线支柱绝缘子探伤检验工作，防止运行或操作时发生断裂，造成母线接地或短路。支柱绝缘子外观有明显损伤，禁止操作。

（四）防止厂用电全部丢失事故

（1）设计阶段。重要的厂用电高低压母线宜分段布置在独立的房间，保安电源宜放置在独立房间。抽水蓄能电站的柴油发电机组，不应设置在地下厂房内。

（2）设计阶段。配置厂用电保安电源和黑启动电源时，柴油发电机的容量应按保安负荷与黑启动负荷二者较大值选取，可不考虑黑启动负荷与保安负荷同时出现。

（3）设计阶段。厂用电母线倒闸操作相关的开关之间应配置防电气误操作装置或回路，防止发生系统非同期合闸、运行设备损坏、事故扩大等。

（4）设计阶段。新建抽蓄电站厂用电 6~35kV 系统应设计为大电流接地方式，并增设相应保护，以保证其在发生电气故障时能快速切除。在运电站应结合自身实际情况进行技术改造。

（5）运行阶段应根据设计要求和运行环境定期进行柴油发电机组的巡视、试验和检修。保安电源和黑启动电源另有配置的需对其电源设备进行定期巡视、测量和维护保养等工作，防止保安电源消失事故的发生。可利用保安电源为黑启动创造条件。

（6）运行阶段。应制定和落实保厂用电措施，并根据现场设备和运行方式变化情况及时修编黑启动方案，运维人员应熟练掌握黑启动方案，定期开展反事故演习。

（7）运行阶段。额定负载电流超过 200A 或者带有渗漏排水泵、检修排水泵、中压气机等大功率负荷的抽屉开关，新建或改造时宜增加温度在线监测功能。

（五）防止厂用电开关柜损坏事故

（1）设计阶段。新建电站主生产区域 6～35kV 厂用电盘柜防护等级应不小于 IP4X，盘柜不宜使用上进线或上出线型式，盘柜内应配置有专用的加热或除湿装置。

（2）基建阶段。6～35kV 厂用电盘柜到达现场后，若暂不具备安装条件，宜储存在干燥的室内，条件不具备时，柜体应封装管理，并做好措施，防止触头、铜排等关键部位受潮。

（六）防止限流电抗器损坏事故

（1）设计阶段。新建抽蓄电站的厂用变压器及 SFC 限流电抗器应布置在独立的房间内，房间与外部通道应有墙体隔离。在运电站不满足的应进行改造。

（2）设计阶段。新建抽蓄电站的厂用变压器及 SFC 限流电抗器不宜布置在同一个房间内，如已设计布置在同一房间内，宜对两组电抗器进行防爆隔离。

（3）基建阶段。厂用变压器及 SFC 限流电抗器应选用通过短路试验的同类型产品。已签订供货合同但未进行短路试验的限流电抗器，制造厂若无法提供同类型产品短路试验报告，不得投入运行。

三、国家电网公司十八项电网重大反事故措施厂用电部分

（一）防止电气误操作事故

（1）断路器、隔离开关和接地开关电气闭锁回路应直接使用断路器、隔离开关、接地开关的辅助触点，严禁使用重动继电器；操作断路器、隔离开关等设备时，应确保待操作设备及其状态正确，并以现场状态为准。

（2）高压开关柜内手车开关拉出后，隔离带电部位的挡板应可靠封闭，禁止开启。

思 考 题

1. 干式厂用变压器巡检内容主要有哪些？

2. 真空断路器的预防性试验有哪些？

3. 机组自用变检修需做哪些安全措施？

参考文献

［1］李浩良，孙华平. 抽水蓄能电站运行与管理［M］. 杭州：浙江大学出版社，2013.

［2］冯伊平. 抽水蓄能运维技术培训教程［M］. 杭州：浙江大学出版社，2016.

［3］国家能源局. 电力设备预防性试验规程：DL/T 596—2021［S］. 北京：中国电力出版社，2021.

［4］中国电力企业联合会. 抽水蓄能电站检修导则：GB/T 32574—2016［S］. 北京：中国标准出版社，2016.

［5］国家能源局. 抽水蓄能发电电动机出口断路器运行规程：DL/T 1303—2013［S］. 北京：中国电力出版社，2021.

［6］中华人民共和国国家质量监督检验检疫总局，中国国家标准化管理委员会. 高压带电显示装置：GB 25081—2010［S］. 北京：中国标准出版社，2011.

［7］中华人民共和国国家质量监督检验检疫总局，中国国家标准化管理委员会. 绝缘配合 第1部分：定义、原则和规则：GB 311.1—2012［S］. 北京：中国标准出版社，2013.

［8］中华人民共和国国家质量监督检验检疫总局，中国国家标准化管理委员会. 水轮发电机组安装技术规范：GB 8654—2003［S］. 北京：中国标准出版社，2009.

［9］国家市场监督管理总局，国家标准化管理委员会. 电力变压器 第10部分：声级测定：GB 1094.10—2022［S］. 北京：中国标准出版社，2023.

［10］国家市场监督管理总局，国家标准化管理委员会. 电力变压器 第11部分：干式变压器：GB 1094.11—2022［S］. 北京：中国标准出版社，2023.